初始孪晶调控
镁合金组织织构及性能

王利飞　著

北　京
冶金工业出版社
2024

内 容 提 要

本书阐明了预置初始拉伸孪晶对镁合金组织及织构的影响规律，揭示了孪晶诱导再结晶行为，进一步提出了初始孪晶取向二次调控镁合金低温塑性的工艺方法，探讨了其在单轴变形及平面变形过程中的变形机理及性能影响。

本书可供从事镁合金研究和生产的科技工作者阅读，也可供高等院校材料专业的本科生和研究生参考。

图书在版编目（CIP）数据

初始孪晶调控镁合金组织织构及性能/王利飞著.
北京：冶金工业出版社，2024.4. --ISBN 978-7-5024-
9893-1

Ⅰ. TG146. 22

中国国家版本馆 CIP 数据核字第 20243F7L94 号

初始孪晶调控镁合金组织织构及性能

出版发行	冶金工业出版社		**电　话**	(010)64027926
地　址	北京市东城区嵩祝院北巷 39 号		**邮　编**	100009
网　址	www. mip1953. com		**电子信箱**	service@ mip1953. com

责任编辑　张熙莹　美术编辑　彭子赫　版式设计　郑小利
责任校对　梅雨晴　责任印制　禹　蕊
北京建宏印刷有限公司印刷
2024 年 4 月第 1 版，2024 年 4 月第 1 次印刷
710mm×1000mm　1/16；11.75 印张；229 千字；179 页
定价 76.00 元

投稿电话　(010)64027932　投稿信箱　tougao@cnmip. com. cn
营销中心电话　(010)64044283
冶金工业出版社天猫旗舰店　yjgycbs. tmall. com
(本书如有印装质量问题，本社营销中心负责退换)

前　言

作为当前最轻的金属结构材料，镁合金由于其比强度和比刚度高、阻尼减震性好、电磁屏蔽性好等优点，在航空、航天、汽车、电子等行业被广泛应用。而由于其独特的密排六方结构，加工过程中容易形成典型的织构，如挤压丝织构和轧制板织构等。织构的出现导致其室温可开动滑移系较少，进而塑性差，难以后续加工成型，故镁合金构件大规模应用受到限制。孪生作为一种重要的变形机制对于镁合金塑性变形有着重要的作用，尤其拉伸孪晶的出现可促使晶粒偏离基面，达到弱化织构的目的。因此，研究预置初始孪晶对于调控镁合金组织织构及性能有着重要的意义。

本书是近年来作者在镁合金领域织构调控方面研究成果的集成，书中以最常见的 AZ31 镁合金为基础对象，系统论述了镁合金预置初始孪晶在单轴变形及平面变形过程中的作用机理，并提出了初始孪晶取向二次调控技术，探讨了室温及中温变形机理及性能。

本书共分为 7 章，第 1 章主要论述了镁合金塑性变形机制、再结晶机制及织构调控方法研究进展，并介绍了常见的塑性变形方式。第 2 章至第 4 章分别论述了单轴变形预孪晶行为对镁合金薄板组织、织构及室温平面成型能力的影响，主要包括室温预孪晶不同方向加载单轴变形、温条件预孪晶不同加载方向单轴变形、不同预孪晶方向平面成型、不同退火温度孪晶诱导再结晶行为及交叉预孪晶诱导再结晶形核等对镁合金力学性能及成型性能的影响机理。第 5 章主要针对温成型条件下平面变形过程中预孪晶镁合金的孪生-去孪生、预孪晶诱导动态再结晶行为及温成型性能的影响机理进行了阐述。第 6 章和第 7 章针对拉伸孪晶不满足施密特法则所要求的最大基面滑移方向，提出了引入剪切应变诱导初始孪晶取向二次调控工艺方法，其中第 6 章主要以单轴变形室温塑性提高为主，第 7 章以平面塑性成型性能为主，分别阐明了低温增塑机理及组织织构调控演变规律。

感谢国家自然科学基金 (52374395)、中国博士后科学基金第 71 次面上资助 (2022M710541)、中央引导地方科技发展专项 (YDZJSX2021A010)、山西省省筹资金资助回国留学人员科研项目 (2022038) 等科研项目的资助。

感谢太原理工大学和重庆工业大数据创新中心提供的平台支持，感谢重庆大学黄光胜教授，韩国首尔大学韩国镁协主席 Kwang Seon Shin 院士，重庆工业大数据创新中心首席科学家邢镔教授级高工，太原理工大学樊建锋教授、王红霞教授、邓坤坤教授、张华教授、曹晓卿教授、张强副教授对本书编写给予的悉心指导！感谢同事梁伟教授、聂凯波教授、程伟丽教授、郑留伟副教授等在科研工作中给予的帮助和鼓励！感谢研究生潘晓锾、芦鹏彬、薛亮亮、曹苗等对本书所涉及实验研究的贡献。

本书可供从事镁合金研究和生产的工程技术人员阅读，也可供高等院校和科研院所材料科学与工程专业和冶金专业等相关领域的科研人员、教师和研究生参考。

由于镁合金基础研究及孪晶织构调控技术发展非常迅速，涉及的内容与应用较前沿，加上作者水平所限，书中不足之处，恳请相关领域的专家及读者批评指正。

作　者

2023 年 12 月

目　　录

1 绪 论

1.1 概 述

近年来，随着"绿水青山就是金山银山"等绿色环保理念深入人心，镁及其合金因密度小（约为 1.7 g/cm³）而获得大量关注。此外，镁合金具有比强度高、阻尼减振性好、导热性好、电磁屏蔽效果佳、易机加工等优点，被誉为"21世纪绿色结构材料"，并被广泛应用于汽车工业、航天航空领域、3C 电子产品等。我国是镁资源大国，也是原镁产量最大的国家[1]，因此，我国对镁合金研究及其产业化发展提供了大量支持[2]。但是，常用镁合金产品以铸造生产为主，这给产品留下了组织疏松、成分偏析、晶粒粗大等弊端，极大限制了镁合金工业化发展[3]，所以，组织致密、成分均匀、晶粒细小的变形镁合金成为镁合金发展的重要方向。然而，镁合金一般以密排六方结构（hexagonal closed-packed，hcp）出现，使得其室温下难以满足 Von-Mises 准则[4]所需 5 个独立滑移系，故其室温塑性较差；并且，镁合金薄板往往具有较强基面织构，令其表现出明显各向异性和拉压不对称性，导致其室温成型性能极差[5]。所以，变形镁合金加工往往在温条件下进行，但是，此举会令镁合金变形过程中发生动态再结晶行为，使其变形过程组织演变复杂化。另外，对变形镁合金进行预变形处理也是提高其变形能力的重要手段，其中预孪晶处理尤为突出[6-8]。可见，温条件和预置孪晶都可以提高镁合金变形能力，那么，当二者共同作用于镁合金变形时，即预孪晶镁合金温变形过程中，材料内部所发生组织演变、变形机制相互作用等过程研究及对性能影响尤为重要。基于此，本书考察了预孪晶镁合金温条件下变形过程，为进一步扩大镁合金工业化应用领域提供理论基础。

1.2 镁合金塑性变形机制

塑性变形行为涉及材料制备加工工艺、织构形成及组织性能改变的复杂过程，常见的滑移、孪生和晶界滑动等变形机制在镁及镁合金中发挥着重要作用。根据服役条件不同，需要正确分析相关变形机制在塑性变形过程中的作用。

1.2.1 滑移

滑移是金属材料中最常见的塑性变形机制。在一定剪切应力作用下，晶体在滑移面（原子密排面）沿滑移方向（原子最密排方向）发生滑动，称为滑移。镁及镁合金晶体为密排六方结构。在 25 ℃时，其晶格常数 $a = b = 0.32092$ nm，$c = 0.52105$ nm，轴比 $c/a = 1.624$，接近理想密排值 $1.633^{[9]}$。在镁晶体中，最密排面和滑移面为（0001）基面，最密排方向和滑移方向为 $<11\bar{2}0>$。镁合金滑移变形机制主要包括基面 $<a>$ 滑移（$\{0001\}<11\bar{2}0>$）、柱面 $<a>$ 滑移（$\{10\bar{1}0\}$ $<11\bar{2}0>$）、锥面 $<a>$ 滑移（$\{10\bar{1}1\}<11\bar{2}0>$）及锥面 $<c+a>$ 滑移（$\{11\bar{2}2\}<11\bar{2}\bar{3}>$），如图 1-1 所示。镁合金中的滑移，根据滑移面划分，可分为基面滑移和非基面滑移两种，其中非基面滑移可进一步划分为柱面滑移和锥面滑移。按照滑移方向划分，则有 $<a>$ 滑移和 $<c+a>$ 滑移两种[10]。根据文献报道，镁合金在室温附近的临界剪切应力（critical resolved shear stress, CRSS）为 $0.45 \sim 0.81$ MPa，柱面滑移的 CRSS 值约为 39.2 MPa，而锥面 $<c+a>$ 滑移的 CRSS 值达到 $45 \sim 81$ MPa[11]。由此可见，室温环境下基面 $<a>$ 滑移是最易开动的滑移系。

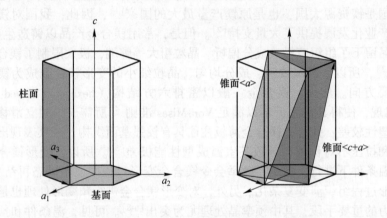

图 1-1 镁晶体中的滑移系类型[7]

提升基面滑移室温变形条件下的开动程度是一种改善镁合金塑性的重要手段。根据施密特法则（$\tau_c = \sigma_s \cos\varphi \cos\gamma$），室温下基面滑移的开动情况取决于塑性变形过程中基面滑移施密特因子（Schmid factor, SF）的大小。室温 SF 值越大，则基面滑移越容易开动，镁合金也越容易发生塑性变形。而基面 $<a>$ 滑移的 SF 值与镁晶体外力加载方向和滑移面/滑移方向之间夹角有关。也就是说，室温下基面滑移的 SF 值大小与受力轴和晶体取向（织构）有密切关联[12]。因此，在一定外力作用下，调控镁合金晶体取向是提高其基面滑移 SF 值，进而实现镁合金增塑的有效措施。

如前所述，室温附近镁合金中的非基面滑移较难启动，而基面滑移仅能提供 2 个独立滑移系，无法协调材料的塑性变形，因此孪生机制在镁合金室温变形中就显得尤为关键，是镁合金塑性变形过程中一种十分重要的晶内变形机制。

1.2.2 孪生

孪生是镁合金室温变形过程中除滑移外最重要的变形机制。与滑移一样，镁合金孪生时同样需要切应力作用，是位错运动的结果。不一样的是，孪生是不全位错运动的结果，而滑移是全位错运动的结果。一般而言，滑移无法继续进行时会产生应力集中区，而孪生容易发生在这样的区域。与滑移相同，孪生也有孪生面和孪生方向。换言之，孪生是在镁晶体中一定的晶面和晶向上进行，塑性变形时孪生是否发生与晶体对称性有关。镁合金室温附近基面滑移的 CRSS 值比孪生低，但是由于其 hcp 结构，滑移系少且对称性差，晶体取向不利于滑移发生时，孪生成为主导的变形机制。镁合金中常见的孪生机制有 $\{10\bar{1}2\}$ 拉伸孪生、$\{10\bar{1}1\}$ 压缩孪生及 $\{10\bar{1}1\}$-$\{10\bar{1}2\}$ 二次压缩孪生[13]。根据最小切变原则，$\{10\bar{1}2\}$ 孪生由于切变量较小成为镁合金中最容易开动的孪生模式，孪生速度较快[14]。而孪生又是一种极性变形机制，沿着晶粒 c 轴拉伸或垂直于晶粒 c 轴压缩时，利于拉伸孪晶生成，反之则利于压缩孪生和二次压缩孪生开动。对于多晶镁合金，如果存在较强初始织构，则在适当外力条件下孪生容易开动。比如，常见的挤压镁合金通常存在较强的纤维织构，大多数晶粒 c 轴垂直于挤压方向（extrusion direction，ED），当平行于 ED 加载压应力时，$\{10\bar{1}2\}$ 拉伸孪生容易开动，呈现较低的屈服应力；沿 ED 施加拉应力则利于产生 $\{10\bar{1}1\}$ 压缩孪晶。对于没有明显初始织构的镁合金，如铸态合金，晶粒取向混乱无序，只有少量取向有利晶粒可以在较低载荷下产生 $\{10\bar{1}2\}$ 拉伸孪晶[15]。值得注意的是，孪生机制开动，会使晶体取向发生偏转，基体与孪晶形成一定位向关系。$\{10\bar{1}2\}$ 孪生发生时，基体与孪晶之间存在 86°<11$\bar{2}$0>取向关系，而 $\{10\bar{1}1\}$ 孪生，基体与孪晶之间的夹角为 56°。Barnett[16]指出，变形量较大时 $\{10\bar{1}1\}$-$\{10\bar{1}2\}$ 二次孪晶生成，取向关系为 38°<10$\bar{1}$2>。此外，在金属塑性变形过程中，孪生切变量一般远小于滑移切变量，因此孪生本身对晶体塑性变形贡献不大，只有 10%左右。但孪生的重要作用在于调整晶体取向和释放应力集中，激发进一步滑移变形，使得滑移与孪生交替进行，从而实现较大的变形。

总的来说，孪生在镁合金塑性变形中起着重要作用，具体表现在：（1）改变晶体取向，使原本不利于滑移或孪生的取向趋于有利；（2）使晶界更好地满足相邻晶粒间弹性应变不相容性；（3）孪晶之间的交互作用产生二次孪晶，提升镁合金的整体塑性；（4）释放局部应力集中，抑制裂纹形核趋势，并且阻碍裂纹扩展；（5）孪晶界通过切割晶粒起到细化晶粒效果，提升材料塑性。

1.2.3 晶界滑动

晶界滑动（grain boundary sliding，GBS）是一种多晶镁合金晶间塑性变形的重要机制。晶界滑动的微观机制还不完全清楚，相关文献认为是相邻晶粒中各种滑移作用的结果，晶界滑动和晶内滑移有内在联系，但是晶界结构复杂，决定了晶界滑动不是简单的变形过程，而是一系列基本过程综合作用的结果，包括塑性适应、与晶界迁移相协调的晶界滑移和扩散松弛等，因此晶界滑动不能完全独立进行[17]。

镁合金中的晶界滑动通常只在高温低应变速率下发生，促使材料伸长率大幅增加。一般情况下，晶界滑动对材料总应变的贡献不超过60%，但在温度较高时，晶界滑动更易协调变形和防破断，从而实现较高应变速率下的变形，此时晶界滑动甚至可以成为最主要的变形机制。最近的研究表明，在细晶纯镁中，即使在室温下也会出现晶界滑移，在低应变速率下的断后伸长率超过100%[18]。

1.3 镁合金再结晶机制

镁合金再结晶机制分为动态再结晶和静态再结晶。动态再结晶行为是镁合金温变形过程非常重要的变形机制，根据动态再结晶晶粒形核方式可分为：连续动态再结晶、不连续动态再结晶、孪晶诱导动态再结晶、第二相粒子诱导动态再结晶、剪切带诱导动态再结晶等。

1.3.1 连续动态再结晶

连续动态再结晶是一种常见动态再结晶类型，发生连续动态再结晶时，晶粒内部发生大量位错运动，进而导致晶内产生大量畸变能并形成亚晶粒结构，当这些畸变能进一步累积并达到一定程度后，便形成新的动态再结晶晶粒[19]。连续动态再结晶主要依赖位错运动所带来的能量累积，从而导致新晶粒形核，这是一个连续的过程，故称为连续动态再结晶。如图 1-2 所示[20]，连续动态再结晶过程基本按照图 1-2 (a)~(c) 顺序演化，即位错运动出现（见图 1-2 (a)）、位错运动累积（见图 1-2 (b)）和新晶粒形成（见图 1-2 (c)）。通过连续动态再结晶形核的晶粒，其与母晶取向差较小[21]。

1.3.2 不连续动态再结晶

不连续动态再结晶往往在较高温度下发生，其形核位置通常是已经存在的大角度晶界，如图 1-3 所示[22]，变形能首先在大角度晶界处聚集并使亚晶粒长大（见图 1-3 (a)），当亚晶粒长大到一定尺寸后令晶界弓出，从而形成新的无应变动态再结晶晶粒。不连续动态再结晶主要依赖现存大角度晶界直接弓出形核，没有位错累积等过程，通过该机制得到的动态再结晶晶粒与母晶取向差较大[21]。

1.3.3 孪晶诱导动态再结晶

孪晶诱导动态再结晶是指在预先存在的孪晶界处形核，沿孪晶片层生成链条状

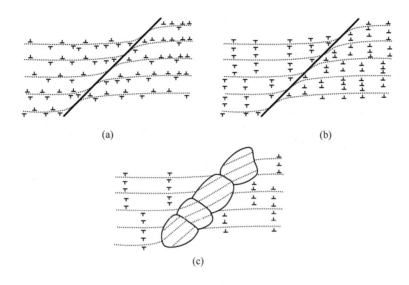

图 1-2　连续动态再结晶过程示意图[20]

（a）位错运动出现；（b）位错运动累积；（c）新晶粒形成

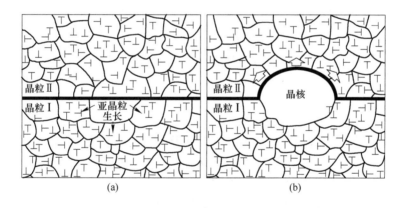

图 1-3　不连续动态再结晶过程示意图[22]

（a）亚晶长大示意图；（b）无应变动态再结晶晶粒形成示意图

再结晶晶粒，同时晶粒取向基本继承孪晶取向的动态再结晶行为。Samman 等人在热压态 AZ31 镁合金中发现明显链条状再结晶晶粒带，并且这些动态再结晶带整体上可以看作 $\{10\bar{1}2\}$ 拉伸孪晶片层，如图 1-4（a）所示[23]。无独有偶，Molodov 等人在纯镁单晶中也发现了由孪晶片层演化而来的动态再结晶晶粒带，如图 1-4（b）所示[24]。值得注意的是，孪晶诱导动态再结晶是发生在孪晶片层内的局部现象，而孪晶界促进材料整体动态再结晶行为作用（孪晶促进动态再结晶），二者有明显不同，不能一概而论。

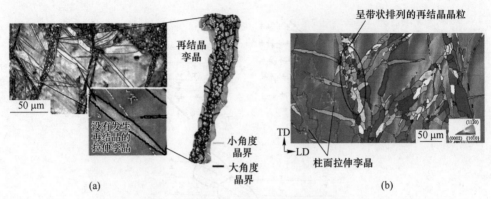

图 1-4 镁合金孪晶诱导动态再结晶行为

(a) AZ31 镁合金[23]；(b) 纯镁单晶[24]

1.3.4 其他动态再结晶

除连续动态再结晶、不连续动态再结晶和孪晶诱导动态再结晶外，镁合金在特定条件下会发生第二相粒子诱导动态再结晶、剪切带诱导动态再结晶等。如图 1-5 (a) 所示[25]，在一些合金元素比较富裕的镁合金中，过饱和析出的第二相粒子常作为动态再结晶晶粒形核位点存在，以第二相粒子诱导所得动态再结晶晶粒尺寸细小、取向发散。在一些高速加载和纯剪切条件下，镁合金中易出现剪切带，这些剪切带存储了大量形变能使之成为动态再结晶优先形核位置，如图 1-5 (b) 所示[26]，在相对均匀的组织中出现大尺度小晶粒条带，往往就是剪切带诱导动态再结晶所得。

1.3.5 静态再结晶

静态再结晶是金属材料在塑性变形后再将其加热升温至某一特定温度以上，并保温一段时间的热处理过程中的再结晶行为。静态再结晶会软化合金、提升材料的塑性，且可以控制成品的晶粒形状、取向分布等[27]。形变带、晶界附近通常是静态再结晶形核的位点。静态再结晶常见的形核机制有孪生形核、亚晶生长形核和形变诱导形核等[28]。由于镁合金基面滑移和非基面滑移的 CRSS 值差别较大，孪生成为调节镁合金塑性变形的重要机制，因此通过塑性变形引入孪晶，在后续退火过程中利用孪晶和孪晶界诱导镁合金静态再结晶发生，这种方式可以细化镁合金晶粒和弱化基面织构，从而提升镁合金的力学性能和成型性能。Cheng 等人[29]通过 TD-RD 双向预压缩变形将拉伸孪晶引入 AZ31 镁合金板材中，并在 450 ℃下退火 2 h。由于孪晶诱导再结晶行为的发生，板材基面织构减弱，且随着变形量的增加，板材的杯突值从 2.83 mm 增长到 6.01 mm。Shi 等人[30]研究了孪晶类型对静态再结晶过程中晶粒形核和织构演变的影响。在板材上沿着与法向不同夹角的地方切割得到样品，发现 {10$\bar{1}$1}-{10$\bar{1}$2} 二次孪晶有利于再结

图 1-5 其他动态再结晶示意图

(a) 典型第二相粒子诱导动态再结晶行为[25]；(b) 典型剪切带诱导动态再结晶行为[26]

晶形核，而 $\{10\bar{1}2\}$ 拉伸孪晶则不利于再结晶形核。静态再结晶过程中静态再结晶晶粒与基体取向角在 20°~60° 波动，这与 $\{10\bar{1}1\}$-$\{10\bar{1}2\}$ 二次孪晶、$\{10\bar{1}1\}$ 和 $\{10\bar{1}3\}$ 压缩孪晶的取向有关。

1.4 镁合金组织织构控制

室温下，由于镁合金密排六方的晶体结构导致其基面滑移开动较为容易，而非基面滑移难以开动，在持续的变形过程中逐渐形成强基面织构，此时镁合金内部晶粒取向趋同。微观结构的变化使得镁合金表现出极强各向异性，力学性能和成型性能较差。解决这一问题的关键就是对镁合金的微观组织进行调控，为此许多研究人员展开相关研究。目前，晶粒细化、织构调控等工艺都取得了较大的进展。

1.4.1 晶粒细化

向镁合金中添加合金元素是一种有效的细化晶粒、提升力学性能的手段，且由于不同合金元素带来的影响和效果不同，相关研究也非常广泛。通常，添加的合金元素可以分为两类，一类是稀土元素，另一类是非稀土元素。

常用的镁合金稀土元素有 Ce、La、Nd、Yb、Y 等[31-33]。镁合金中添加稀土元素的好处有：镁合金中的杂质元素有 S、O、Fe 等，稀土元素的化学性能活泼可以与这些元素形成化合物，净化熔体。稀土元素的晶体结构、原子半径、电负性等都与镁相似，这些特性使得稀土元素可以在镁合金基体中无限固溶，经过时效处理析出的第二相起到时效强化作用，凝固时稀土元素在固-液界面的富集增加了过冷度使得晶粒细化。Yan 等人[34]研究了 AM60 镁合金中添加 Sb 对微观组织的影响，随着 Sb 含量增加，Mg_2Si 相变小，且合金晶粒尺寸小于原始组织。

尽管稀土镁合金展现出优异性能，然而稀土元素价格昂贵，制备工艺复杂，且其在一定程度增加了镁合金的质量。因此，非稀土元素成为改变镁合金微观结构、提升性能的另一方法，常见的非稀土合金元素有 Mn、Ca、Sn、Li、Al 等。Zeng 等人[35]制备了超高强度的 Mg-3Al-1Zn-0.3Mn 合金，研究发现溶质原子是合金高强度的关键因素。如图 1-6 所示，随着 Li 元素的加入晶粒取向逐渐发散，尤其是 Li 元素含量达到 5%时，基面织构弱化明显，且晶粒尺寸也最小。Li 等人[36]将 Li 元素添加入 AZ31，研究其合金性能，发现 Li 元素的加入，镁合金轴比 c/a 下降且再结晶晶粒细化，使得板材的各向异性减弱。

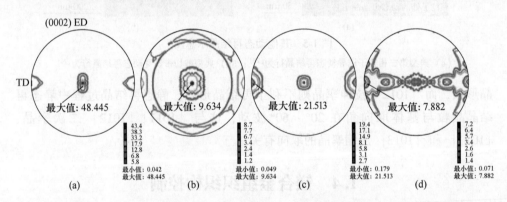

图 1-6 （0002）挤压态合金的极图

（a）Li0 合金；（b）Li1 合金；（c）Li3 合金；（d）Li5 合金

此外，在镁合金中引入剧烈塑性变形也可以有效细化晶粒，改善合金力学性能，常见的剧烈塑性变形工艺有等径角挤压（equal channel angular pressing，ECAP）、高压扭转（high-pressure torsion，HPT）、累积叠轧（accumulative roll bonding，ARB）等。

在 20 世纪 70—80 年代，Segal 和同事首先提出 ECAP 技术。直到 20 世纪 90 年代 Valiev 等人利用此技术获得了具有亚微米级晶粒尺寸的铝合金超细晶组织，使得此项技术逐渐火热。ECAP 加工模具配置如图 1-7 所示[37]。此技术通过两个等截面通道将剪切变形引入坯料，由于该技术不会改变坯料形状，因此可以通过多道次累计剪切变形将坯料晶粒尺寸细化至微米级、亚微米级甚至纳米级。

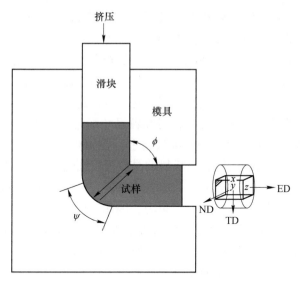

图 1-7 ECAP 加工模具配置示意图[37]

ED、ND、TD—分别表示挤出方向；y—平面的法线方向和横向方向

Mostaed 等人[38]对 ZK60 镁合金进行 4 道次不同温度 ECAP，发现在 150 ℃下获得的样品 E5 性能最优，其平均晶粒尺寸为 600 nm。ZK60 挤压坯料的纤维织构在前两个道次分解，在第四道次时形成全新的织构，如图 1-8（a）右下角（0002）极图所示，样品的断裂伸长率提升了约 100%。因此，通过 ECAP 技术可以细化晶粒、弱化织构，进而提升材料的强度和塑性。

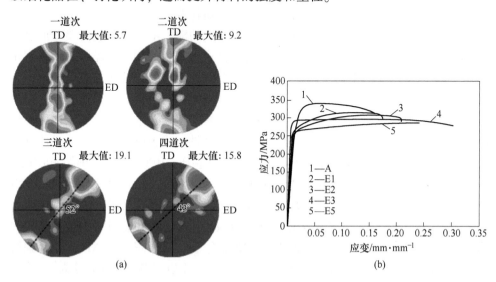

图 1-8 ZK60 镁合金组织及力学性能图[38]

（a）不同样品（0002）极图；（b）不同样品应力-应变曲线

20 世纪 40—50 年代，哈佛大学教授 P. W. Bridgman 首先提出高压扭转工艺。高压扭转是在试样的高度方向施加一个压力，同时在径向上通过摩擦作用施加一个扭转力进而给样品引入剪切变形，最终样品晶粒得到细化[39]。Harai 等人[40]在室温下利用高压扭转工艺获得了晶粒为0. 11 μm 的细晶 AZ61 镁合金。

1998 年，Saito 等人[41]提出了累积叠轧技术。这是一种将材料堆叠和轧焊交替进行的工艺，在应变积累过程中板材晶粒尺寸细化[42]。Prado 等人[43]在 2004 年首次将累积叠轧工艺运用在镁合金板材上，在 400 ℃下，AZ31 镁合金板材晶粒可以细化到 3 μm，AZ91 镁合金板材的晶粒可以细化到 1 μm 以下。

综上所述，尽管可以通过合金化方式改善镁合金的性能，但是合金元素的加入会增加镁合金材料的密度降低其竞争力，因此，微量有效元素加入才会使得综合效益最佳。此外，通过剧烈塑性变形方法如 ECAP 获得的镁合金坯料尺寸较小，难以大规模生产，累积叠轧工艺尽管可以生产大尺寸产品，但是其工艺复杂，轧制温度、下压量等都影响最终产品质量。因此，一种简单高效可以细化晶粒并提升性能的工艺亟待开发。

1.4.2 织构调控

常规铁模或砂型铸造等工艺制备的镁合金铸锭，其晶粒通常没有明显的择优取向，但在随后的锻造、挤压、轧制等塑性变形过程中，由于基面滑移和孪生使得晶粒发生转向和取向的定向流动形成织构。室温下，镁合金主要依靠基面 $\{0001\}$ $<11\bar{2}0>$滑移和锥面 $\{10\bar{1}2\}$ $<10\bar{1}1>$孪生来调节塑性变形。由于基面滑移的滑移方向垂直于 c 轴，随变形的持续镁合金晶粒取向会趋于相同，尽管孪生会协调沿 c 轴方向的塑性变形，但其调节塑性变形的能力不强，因此后续变形过程中镁合金不可避免地形成强基面织构。对于镁合金板材来说，其晶粒 c 轴垂直于板面，基面滑移的施密特因子几乎为零，此时基面滑移处于硬取向难以开动，继续变形困难。棒材也处于类似的情况，形成强纤维织构阻碍了后续的变形。织构的出现使得镁合金表现出各向异性。因此，织构对于镁合金的力学性能和成型性能有着巨大的影响，通过调控织构去改善镁合金性能成为研究的热点，目前常见的织构调控技术包括异步轧制、交叉轧制、非对称挤压、预变形、引入剪切变形等。

异步轧制是指两个工作辊圆周线速度不同而进行轧制的一种技术。自 20 世纪 40 年代以来异步轧制技术不断发展趋于成熟，通过该工艺获得的板材性能优异。近些年，异步轧制工艺也运用于镁合金板材成型。在轧制过程中板材不仅在厚度方向引入剪切变形诱导再结晶，还使镁合金的基面织构从 ND 向 RD 偏转 5°~7°，这使得基面织构得到弱化，塑性变形能力得以提升。Huang 等人[44]将异步轧制工艺引入 AZ31 镁合金板材中，他们发现相比于常规轧制板材，异步轧制板材的基面织构向 RD 发生偏转，其屈服强度降低、抗拉强度提升，r 值减小、n

值提升，表现出较高的断裂伸长率和成型性能。

　　常规轧制随着板材厚度的减薄，板材会形成极强的基面织构。然而，交叉轧制可以获得弱基面织构镁合金板材。其在轧制过程中改变轧制方向且保持法向不变，方向改变可以是每道次，也可以是间隔多个道次。Zhang 等人[45-46]研究双向交叉轧制和三向交叉轧制对 AZ31 镁合金微观结构和力学性能的影响，研究发现，双向交叉轧制和三向交叉轧制都可以细化晶粒、弱化基面织构，获得的样品基面滑移施密特因子增高，平均施密特因子分别从 0.21 增长到 0.26 和 0.27，其力学性能明显提高、断裂伸长率增加，双向交叉轧制和三向交叉轧制样品的杯突值分别提高了 28% 和 31%。尽管异步轧制和交叉轧制一定程度上克服了常规轧制导致板材各向异性、基面织构强等问题，使得板材力学性能和成型性能得到提升。但是其工艺仍有一定的缺陷，如异步轧制过程中轧机震颤是一个无法避免的问题。此外，这些改进的轧制方法对轧机有着较高的要求，且轧制工艺较为复杂，产品制备过程中能量消耗较大。

　　常规挤压工艺获得的坯料具有很强的基面织构和各向异性。通过改变挤压过程中的金属流动方式，产生了一种新的挤压工艺。Chang 等人[47]利用非对称挤压将剪切变形引入 AZ31 镁合金中，研究发现这种挤压方式会导致板材晶粒尺寸和织构在厚度方向出现梯度变化，在试样上表面基面织构向挤压方向倾斜约 15°，中间层织构减弱且分散，底层织构较强，这种梯度织构样品的屈服强度低、塑性好。

　　不同于上述织构弱化工艺需要利用复杂模具，预拉伸和预压缩变形将简单变形引入板材，并通过后续退火处理对镁合金坯料织构进行调控进而改善其塑性。Wang 等人[29]对 AZ31 镁合金板材引入不同预压缩变形量，通过压缩变形在板材中产生大量拉伸孪晶，孪晶的出现改变晶体取向、弱化基面织构，如图 1-9 所示。同时，在适当退火条件下，孪晶取向得到继承使板材成型性能得到改善。相比于原始样品，其杯突值提升了 112%。尽管预变形工艺简单，但是预变形量存在上限，继续引入预变形会导致材料失效，因此预变形工艺对板材力学性能及成型性能的改善有限。然而，结合另外的变形方法进一步改善预变形样品微观组织是提升镁合金板材的又一思路。剪切变形既可以改变晶粒取向又可以改善基面织构，是一种被广泛应用和关注的变形方法。另外，将预变形和剪切变形相结合的组合工艺或许可以成为一种获得性能更佳板材的方法。

　　区别于常规弱化板材整体织构的工艺方法，晶粒取向、晶粒大小等结构特征在空间上的梯度变化为弱化镁合金基面织构、改善性能提供了思路。表面机械强化成为制备梯度材料的常用手段，第一类是通过丸粒冲击碰撞材料形成表面强化，即喷丸处理[48-50]，第二类是通过不同压头碰撞挤压材料表面形成强化，即表面机械处理[51-54]。Llaneza 等人[55]利用喷丸处理导致钢铁材料表层发生塑性变形，进而使其力学性能得到提升。由于梯度微结构具有额外的应变硬化能力有助于提升强度和塑性，新的喷丸技术不断地提出，如超声波喷丸、旋转加速喷丸

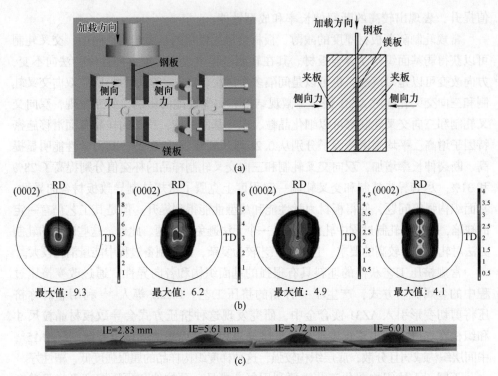

图 1-9　孪晶改变晶体取向、弱化基面织构示意图

（a）板材压缩示意图；（b）TD-RD 预压缩和退火镁合金板（原始，TD1.69%-RD3.3%，TD3.32%-RD3.3%，TD5.38%-RD3.3%）的（0002）极图；（c）TD-RD 多向预压缩镁板（原始，TD1.69%-RD3.3%，TD3.32%-RD3.3%，TD5.38%-RD3.3%）的埃里克森值（IE）[29]

等。喷丸处理的效果受到丸粒材质、丸粒速度、射出速度等因素影响。常见的通过压头挤压形成表面强化的工艺有超声纳米改性、表面机械轧制处理、超声表面轧制工艺等。通过表面机械强化工艺尽管可以制备梯度结构材料，但是制备工艺复杂、效率低下、产量极低，且单位产量消耗的能源较大，无法大规模生产较大尺寸的产品。此外，这些工艺更多关注于产品的疲劳性能，对于材料的其他性能研究较少，尤其是关于板材成型性能的研究。

除表面机械强化外，金属层状复合板成为研究的热点，这种工艺采用不同的连接技术将多种金属复合制备而成新的材料，通过结合面的原子扩散，最终达到冶金结合的目的。目前金属层状复合板的制备工艺繁多，如轧制、热压、爆炸焊接、挤压等[56-60]，各种工艺各有优缺点，如轧制工艺工序复杂、加工周期长等；爆炸焊接工艺操作复杂，产量、生产率低，边部不贴合等。因此，亟待找到一种简单工艺方法可以获得具有梯度结构板材，并展现出较好力学性能和成型性能。

1.4.3　预置初始孪晶

对于 AZ31B 镁合金薄板，预孪晶方式为沿横向压缩，所用模具如图 1-9（a）

所示。将 AZ31B 镁合金薄板置于两夹板间，上下均放置 1 mm 厚的钢板，在充足的夹紧力作用下，AZ31B 镁合金薄板沿横向预压缩过程中不会弯曲失稳，从而产生大量 $\{10\bar{1}2\}$ 拉伸孪晶。对于镁单晶，预孪晶方式为沿不同晶向压缩，由于受压晶面不同，所得预置孪晶类型有 $\{10\bar{1}2\}$ 拉伸孪晶和 $\{10\bar{1}2\}$-$\{10\bar{1}2\}$ 孪晶交互等。

1.4.4 织构对镁合金性能的影响

滑移和孪生是镁合金最主要的变形方式，织构对镁合金力学性能的作用通过影响其滑移及孪生而实现。材料所受外力与滑移系的相对关系可以用 SF 说明，如图 1-10 所示。对于拥有较多可动独立滑移系的立方金属而言，晶体取向对 SF 的影响非常有限。然而镁合金中的滑移系很少，因此外加应力在基面滑移系上有较高的 SF 值时，滑移更易开动且合金塑性更好[61]。

当 $\varphi = \gamma = \pi/4$ 时，外力作用下最容易滑移而产生塑性变形，这样的取向称为软取向。当 φ 或 γ 为 90°时，无论剪切应力多大，滑移都不会发生，称为硬取向。对于具有纤维织构的镁合金棒材，绝大多

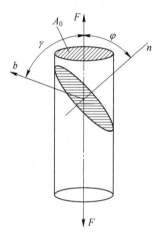

图 1-10 单晶体单轴拉伸
应力关系示意图[61]

数晶粒基面与 ED 平行。沿 ED 拉伸，晶粒沿 c 轴受压，基面滑移系的 SF 值近乎为零，所以滑移系开动困难。此时 $\{10\bar{1}2\}$ 拉伸孪晶同样难以开动，须在高应力下才能开动其他孪生模式。当该合金沿 ED 压缩时，晶粒 c 轴受到拉伸，$\{10\bar{1}2\}$ 孪生容易激活，合金变形抗力较低，因而含纤维织构的镁合金中极易出现明显拉压不对称性。对于具有板织构的镁合金制品，织构对综合力学性能的影响与之类似[62]。

1.5 常见的镁合金变形方式

镁合金变形方式众多，针对其应用所需而设计的变形方式有单轴拉伸、平面变形和单轴压缩，其中平面变形以杯突变形为主。

1.5.1 单轴拉伸变形

单轴拉伸是测试镁合金力学性能应用最广泛的方法。单轴拉伸变形过程中，材料平行段变形比较均匀，因此其各位置均可用于观察组织演变。通过观察材料单轴拉伸过程组织演变，可以有效预测其服役过程中塑性变形如何发生，从而实

现预防；也可以分析材料性能变化内在原因，从而建立组织演变与力学行为的关系。近年来，原位观察镁合金单轴拉伸变形是一种极为有效的实时观测手段，为广大镁合金学者提供了更有价值的信息。然而，原位实验价格高昂、高温下原位实验技术不成熟等问题使原位实验难以普及，因此，利用不同样品小变形获得镁合金组织演变是在有限条件下的最优解。

1.5.2　平面变形

平面变形主要针对薄板材料，应用场合主要是冲压加工和成型能力测试，而成型能力测试中最常见的是杯突测试。图 1-11[63] 是拉深过程中的应力与应变分布，可见，二者在凸缘-直壁过渡圆弧段都有最大值，说明此处是拉深变形特征位置。同样地，对于杯突变形而言，穹顶位置是最能反映其过程的，那么，研究杯突穹顶位置组织演变即可预测材料冲压过程如何破裂、解释材料成型能力为何改变。Xia 等人[64] 通过原位杯突实验研究了 AZ31 镁合金轧板室温杯突过程。然而，研究所观察位置仅限于外层表面，这是因为对于杯突变形而言，无法以原位手段实现同时观察板材内、外层，而杯突过程板材内、外层变形差异是研究之重。因此，对于杯突变形甚至所有平面变形研究，要想探明内、外层变形差异，目前只能采用离位手段。

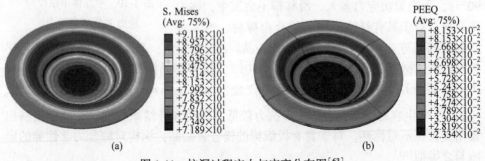

图 1-11　拉深过程应力与应变分布图[63]
(a) 应力分布；(b) 等效应变分布

1.5.3　单轴压缩变形

压缩状态是镁合金构件常见状态，如镁合金轮毂、镁合金座椅等，为了预测镁合金构件在该状态下服役情况，可采用单轴压缩实验。同时，如锻造、挤压这类依靠压缩应力实现的加工方式是生产变形镁合金不可或缺的，所以，研究其单轴压缩变形具有重要意义。单轴压缩与单轴拉伸相比，往往能提供更好的塑性变形条件，故塑性差的材料利用单轴压缩研究其变形更有优势。同时，对于小尺寸块体材料，制作拉伸样品有难加工、材料浪费等缺点，此时制作压缩样品是最佳选择。因此，对单轴压缩变形的研究是必须的。

1.6 镁合金变形机制交互作用及其影响因素

如前文所述，镁合金存在多种变形机制，如滑移、孪生与去孪生、动态再结晶等，合理利用这些机制对改善镁合金性能具有重要意义。例如，Guo 等人[65]通过预置 $\{10\bar{1}2\}$ 拉伸孪晶促进 AZ31 高温轧制过程动态再结晶行为，获得晶粒细小均匀组织、弱各向异性、弱基面织构轧板。Zhang 等人[66]利用预置 $\{10\bar{1}2\}$ 拉伸孪晶促进 AZ31 镁合金动态再结晶过程，获得细晶组织、提高强度的同时保持了较好塑性。温变形时，镁合金各变形机制都有可能被激活从而影响组织与性能，即镁合金温变形受多机制影响，那么，研究它们之间交互作用及其影响因素显得尤为重要。如前文提及，孪生诱导动态再结晶行为就是一种孪生行为与动态再结晶行为综合产物，在此过程中，孪晶界不再迁移运动，而是成为动态再结晶形核位点。同样地，去孪生行为作为孪生行为的逆过程，应当也受动态再结晶行为影响。

众所周知[67-68]，镁合金塑性变形机制开动与否受施密特因子影响，而施密特因子受外应力（加载方向、加载模式等）影响显著，因此，加载方向、加载模式等变形条件对开动何种镁合金塑性变形机制有明显影响，尤其是具有极性变形的孪生行为。当镁合金拉伸方向改变时，其内部各变形机制优先开动情况随之变化，如 Liu 等人[69]认为 AZ31 镁合金板材拉伸过程所激活变形机制受加载方向影响显著。那么，令变形温度升高使动态再结晶参与变形后，镁合金变形过程必然更复杂、更需要进行系统研究。当镁合金变形过程中加载模式不同时，其内部变形机制开动情况也不同。比如 Baird 等人[70]发现 AZ31 镁合金薄板三点弯曲后，其内层出现明显拉伸孪晶带而外层无明显变化，说明如弯曲这类存在内、外层差异的平面变形使镁合金薄板内、外层具有不同表现。同理，镁合金薄板在温条件下杯突变形一定不均匀，系统研究其内、外层组织演变差异及对性能影响尤为重要。然而，目前对镁合金薄板温变形过程机制交互作用系统研究较少，特别是对预孪晶镁合金温变形中孪生与去孪生、动态再结晶及二者协同竞争关系系统研究不多。

参 考 文 献

［1］陈振华，严红革，陈吉华，等．镁合金［M］．北京：化学工业出版社，2004：5.

［2］宋波．沉淀相与孪晶强化镁合金塑性变形行为及各向异性研究［D］．重庆：重庆大学，2013.

［3］韩廷状．AZ31B 镁合金板材组织控制及力学性能的研究［D］．重庆：重庆大学，2018.

［4］王利飞．孪生对 AZ31B 镁合金板材 V 型弯曲中性层偏移的影响［D］．重庆：重庆大

学, 2015.

[5] 张华. AZ31B 镁合金薄板组织调控及其冲压成形性能的研究 [D]. 重庆: 重庆大学, 2013.

[6] SONG B, GUO N, LIU T, et al. Improvement of formability and mechanical properties of magnesium alloys via pre-twinning: A review [J]. Materials & Design, 2014, 62: 352-360.

[7] PARK S H, HONG S G, LEE C S, Enhanced stretch formability of rolled Mg-3Al-1Zn alloy at room temperature by initial $\{10\bar{1}2\}$ twins [J]. Materials Science and Engineering A, 2013, 578: 271-276.

[8] PARK S H, KIM H S, BAE J H, et al. Improving the mechanical properties of extruded Mg-3Al-1Zn alloy by cold pre-forging [J]. Scripta Materialia, 2013, 69 (3): 250-253.

[9] 刘庆. 镁合金塑性变形机理研究进展 [J]. 金属学报, 2010, 46 (11): 15.

[10] LIU Q, ROY A, SILBERSCHMIDT V V. Temperature-dependent crystal-plasticity model for magnesium: A bottom-up approach [J]. Mechanics of Materials, 2017, 113: 44-56.

[11] HUTCHINSON W B, BARNETT M R. Effective values of critical resolved shear stress for slip in polycrystalline magnesium and other hcp metals [J]. Scripta Materialia, 2010, 63 (7): 737-740.

[12] HONG S G, PARK S H, LEE C S. Role of $\{10\bar{1}2\}$ twinning characteristics in the deformation behavior of a polycrystalline magnesium alloy [J]. Acta Materialia, 2010, 58 (18): 5873-5885.

[13] LI X, YANG P, WANG L N, et al. Orientational analysis of static recrystallization at compression twins in a magnesium alloy AZ31 [J]. Materials Science and Engineering A, 2009, 517 (1): 160-169.

[14] JAIN A, AGNEW S R. Modeling the temperature dependent effect of twinning on the behavior of magnesium alloy AZ31B sheet [J]. Materials Science and Engineering A, 2007, 462 (1): 29-36.

[15] PAN X, WANG L, XUE L, et al. Dynamic recrystallization, twinning behaviors and mechanical response of pre-twinned AZ31 Mg alloy sheet along various strain paths at warm temperature [J]. Journal of Materials Research and Technology, 2022, 19: 1627-1649.

[16] BARNETT M R. Twinning and the ductility of magnesium alloys: Part II. "Contraction" twins [J]. Materials Science and Engineering A, 2007, 464 (1): 8-16.

[17] 黎文献. 镁及镁合金 [M]. 长沙: 中南大学出版社, 2005.

[18] SOMEKAWA H. MUKAI T. Hall-Petch breakdown in fine-grained pure magnesium at low strain rates [J]. Metallurgical and Materials Transactions A, 2015, 46 (2): 894-902.

[19] MARTIN E, JONAS J J, Evolution of microstructure and microtexture during the hot deformation of Mg-3%Al [J]. Acta Materialia, 2010, 58 (12): 4253-4266.

[20] ION S E, HUMPHREYS F J, WHITE S H. Dynamic recrystallisation and the development of microstructure during the high temperature deformation of magnesium [J]. Acta Metallurgica, 1982, 30 (10): 1909-1919.

[21] SHEN J, ZHANG L, HU L et al. Effect of subgrain and the associated DRX behaviour on the texture modification of Mg-6. 63Zn-0. 56Zr alloy during hot tensile deformation [J]. Materials Science and Engineering A, 2021, 823: 141745.

[22] HUANG K, LOGÉ R E. A review of dynamic recrystallization phenomena in metallic materials [J]. Materials & Design, 2016, 111: 548-574.

[23] AL-SAMMAN T, GOTTSTEIN G. Dynamic recrystallization during high temperature deformation of magnesium [J]. Materials Science and Engineering A, 2008, 490 (1): 411-420.

[24] MOLODOV K D, AL-SAMMAN T, MOLODOV D A, et al. Mechanisms of exceptional ductility of magnesium single crystal during deformation at room temperature: Multiple twinning and dynamic recrystallization [J]. Acta Materialia, 2014, 76: 314-330.

[25] AL-SAMMAN T. Modification of texture and microstructure of magnesium alloy extrusions by particle-stimulated recrystallization [J]. Materials Science and Engineering A, 2013, 560: 561-566.

[26] ZHOU S, DENG C, LIU S, et al. Effect of strain rates on mechanical properties, microstructure and texture inside shear bands of pure magnesium [J]. Materials Characterization, 2022, 184: 111686.

[27] DOHERTY R D, HUGHES D A, HUMPHREYS F J, et al. Rollett, Current issues in recrystallization: A review [J]. Materials Today, 1998, 1 (2): 14-15.

[28] 李萧, 杨平, 孟利, 等. AZ31 镁合金中拉伸孪晶静态再结晶的分析 [J]. 金属学报, 2010, 46 (2): 147-154.

[29] CHENG W, WANG L, ZHANG H, et al. Enhanced stretch formability of AZ31 magnesium alloy thin sheet by pre-crossed twinning lamellas induced static recrystallizations [J]. Journal of Materials Processing Technology, 2018, 254: 302-209.

[30] SHI J, CUI K, WANG B, et al. Effect of initial microstructure on static recrystallization of Mg-3Al-1Zn alloy [J]. Materials Characterization, 2017, 129: 104-113.

[31] GAO L, CHEN R S, HAN E H. Compounds, Effects of rare-earth elements Gd and Y on the solid solution strengthening of Mg alloys [J]. Journal of Alloys and Compounds, 2009, 481 (1): 379-384.

[32] MISHRA R K, GUPTA A K, RAO P R, et al. Influence of cerium on the texture and ductility of magnesium extrusions [J]. Scripta Materialia, 2008, 59 (5): 562-565.

[33] STANFORD N. Micro-alloying Mg with Y, Ce, Gd and La for texture modification—A comparative study [J]. Materials Science and Engineering A, 2010, 527 (10): 2669-2677.

[34] YAN H, HU Y, WU X Q. Influence of Sb modification on microstructures and mechanical properties of Mg2Si/AM60 composites [J]. Transactions of Nonferrous Metals Society of China, 2010, 20: s411-s415.

[35] ZENG Z R, ZHU Y M, LIU R L, et al. Achieving exceptionally high strength in Mg3Al1Zn-0. 3Mn extrusions via suppressing intergranular deformation [J]. Acta Materialia, 2018, 160: 97-108.

[36] LI R, PAN F, JIANG B, et al. Effect of Li addition on the mechanical behavior and texture of the as-extruded AZ31 magnesium alloy [J]. Materials Science and Engineering A, 2013, 562: 33-38.

[37] KIM W J, HONG S I, KIM Y S, et al. Texture development and its effect on mechanical properties of an AZ61 Mg alloy fabricated by equal channel angular pressing [J]. Acta Materialia, 2003, 51 (11): 3293-3307.

[38] MOSTAED E, HASHEMPOUR M, FABRIZI A, et al. Microstructure, texture evolution, mechanical properties and corrosion behavior of ECAP processed ZK60 magnesium alloy for biodegradable applications [J]. J. Mech. Behav. Biomed. Mater., 2014, 37: 307-322.

[39] ZHILYAEV A P, NURISLAMOVA G V, KIM B K, et al. Experimental parameters influencing grain refinement and microstructural evolution during high-pressure torsion [J]. Acta Materialia, 2003, 51 (31): 753-765.

[40] HARAI Y, KAI M, KANEKO K, et al. Microstructural and mechanical characteristics of AZ61 magnesium alloy processed by high-pressure torsion [J]. Materials Transactions, 2008, 49 (1): 76-83.

[41] SAITO Y, UTSUNOMIYA H, TSUJJ N, et al. Novel ultra-high straining process for bulk materials—development of the accumulative roll-bonding (ARB) process [J]. Acta Materialia, 1999, 47 (2): 579-583.

[42] FATEMI-VARZANEH S M, ZAREI-HANZAKI A, HAGHSHENAS M. Accumulative roll bonding of AZ31 magnesium alloy [J]. International Journal of Modern Physics B, 2008, 22 (18/19): 2833-2939.

[43] PÉREZ-PRADO M T, VALLE D, RUANO O A, Grain refinement of Mg-Al-Zn alloysvia accumulative roll bonding [J]. Scripta Materialia, 2004, 51 (11): 1093-1097.

[44] HUANG X, SUZUKI K, WATAZU A, et al. Mechanical properties of Mg-Al-Zn alloy with a tilted basal texture obtained by differential speed rolling [J]. Materials Science and Engineering: A, 2008, 488 (1): 214-220.

[45] ZHANG H, HUANG G, ROVEN H J, et al. Influence of different rolling routes on the microstructure evolution and properties of AZ31 magnesium alloy sheets [J]. Materials & Design, 2013, 50: 667-673.

[46] ZHANG H, HUANG G, WANG L, et al. Enhanced mechanical properties of AZ31 magnesium alloy sheets processed by three-directional rolling [J]. Journal of Alloys and Compounds, 2013, 575: 408-413.

[47] CHANG L L, WANG Y N, ZHAO X, et al. Microstructure and mechanical properties in an AZ31 magnesium alloy sheet fabricated by asy mmetric hot extrusion [J]. Materials Science and Engineering A, 2008, 496 (1): 512-516.

[48] WANG X, LI Y S, ZHANG Q, et al. Gradient structured copper by rotationally accelerated shot peening [J]. Journal of Materials Science & Technology, 2017, 33 (7): 758-761.

[49] ZHANG P, LINDEMANN J. Influence of shot peening on high cycle fatigue properties of the

high-strength wrought magnesium alloy AZ80 [J]. Scripta Materialia, 2005, 52 (6): 485-490.

[50] WU S X, WANG S R, WANG G Q, et al. Microstructure, mechanical and corrosion properties of magnesium alloy bone plate treated by high-energy shot peening [J]. Transactions of Nonferrous Metals Society of China, 2019, 29 (8): 1641-1652.

[51] WU X L, TAO N R, WEI Q M, et al. Microstructural evolution and formation of nanocrystalline intermetallic compound during surface mechanical attrition treatment of cobalt [J]. Acta Materialia, 2007, 55 (17): 5768-5779.

[52] ZHOU L, LIU G, MA X L, et al. Strain-induced refinement in a steel with spheroidal cementite subjected to surface mechanical attrition treatment [J]. Acta Materialia, 2008, 56 (1): 78-87.

[53] DING J, LI Q, LI J, et al. Mechanical behavior of structurally gradient nickel alloy [J]. Acta Materialia, 2018, 149: 57-67.

[54] LIU X C, ZHANG H W, LU K. Formation of nano-laminated structure in nickel by means of surface mechanical grinding treatment [J]. Acta Materialia, 2015, 96: 24-36.

[55] LLANEZA V, BELZUNCE F J. Study of the effects produced by shot peening on the surface of quenched and tempered steels: Roughness, residual stresses and work hardening [J]. Applied Surface Science, 2015, 356: 475-485.

[56] SHENG L Y, YANG F, XI T F, et al. Influence of heat treatment on interface of Cu/Al bimetal composite fabricated by cold rolling [J]. Composites Part B: Engineering 2011, 42 (6): 1468-1473.

[57] 马志新, 胡捷, 李德富, 等, 层状金属复合板的研究和生产现状 [J]. 稀有金属, 2003, 27 (6): 5.

[58] LUO C, LIANG W, CHEN Z, et al. Effect of high temperature annealing and subsequent hot rolling on microstructural evolution at the bond-interface of Al/Mg/Al alloy laminated composites [J]. Materials Characterization, 2013, 84: 34-40.

[59] CHANG H, ZHENG M Y. Effect of intermetallic compounds on the fracture behavior of Mg/Al laminated composite fabricated by accumulative roll bonding [J]. Rare Metal Materials and Engineering, 2016, 45 (9): 2242-2245.

[60] ZHU B, LIANG W, LI X. Interfacial microstructure, bonding strength and fracture of magnesium-aluminum laminated composite plates fabricated by direct hot pressing [J]. Materials Science and Engineering A, 2011, 528 (11): 6584-6588.

[61] 丁文江, 靳丽, 吴文祥, 等. 变形镁合金中的织构及其优化设计 [J]. 中国有色金属学报, 2011, 21 (10): 11.

[62] 陈振华. 变形镁合金 [M]. 北京: 化学工业出版社, 2005.

[63] RANA A K, DATTA S, KUNDU S. Deformation behaviour during deep drawing operation under simple loading path: A simulation study [J]. Materials Today: Proceedings, 2020, 26: 750-755.

[64] XIA D, HUANG G, LIU S, et al. Microscopic deformation compatibility during biaxial tension in AZ31 Mg alloy rolled sheet at room temperature [J]. Materials Science and Engineering A, 2019, 756: 1-10.

[65] GUO F, ZHANG D, FAN X, et al. Microstructure, texture and mechanical properties evolution of pre-twinning Mg alloys sheets during large strain hot rolling [J]. Materials Science and Engineering A, 2016, 655: 92-99.

[66] ZHANG H, YAN Y, FAN J, et al. Improved mechanical properties of AZ31 magnesium alloy plates by pre-rolling followed by warm compression [J]. Materials Science and Engineering A, 2014, 618: 540-545.

[67] WU B L, ZHAO Y H, DU X H, et al. Ductility enhancement of extruded magnesium via yttrium addition [J]. Materials Science and Engineering A, 2010, 527 (16): 4334-4340.

[68] NAN X L, WANG H Y, ZHANG L, et al. Calculation of Schmid factors in magnesium: Analysis of deformation behaviors [J]. Scripta Materialia, 2012, 67 (5): 443-446.

[69] LIU P, XIN Y C, LIU Q, Plastic anisotropy and fracture behavior of AZ31 magnesium alloy [J]. Transactions of Nonferrous Metals Society of China, 2011, 21 (4): 880-884.

[70] BAIRD J C, LI B, PARAST S, et al. Localized twin bands in sheet bending of a magnesium alloy [J]. Scripta Materialia, 2012, 67 (5): 471-474.

2 单轴变形预孪晶 AZ31B 镁合金薄板温成型组织及性能演变

2.1 概　　述

作为一种密排六方结构金属，镁合金在室温下可开动滑移系少，故塑性较差，因此其在诸多应用场合受限[1]。一般而言，广泛使用的 AZ31 镁合金薄板以轧制成型为主，这导致所得 AZ31 镁合金薄板具有较强基面织构，其内部晶粒 c 轴基本垂直于板面，最终造成室温塑性较差[2]。预置 {10$\bar{1}$2} 拉伸孪晶是近年来被大量研究并得到认可的 AZ31 镁合金薄板预处理手段，此举可明显提高 AZ31 镁合金薄板室温力学性能[3-4]。Xin 等人[3]发现，通过预置 {10$\bar{1}$2} 拉伸孪晶可将 AZ31 镁合金薄板屈服强度由 61 MPa 提升至 145 MPa。Song 等人[5]在 ZK60 镁合金板中预先置入 {10$\bar{1}$2} 拉伸孪晶，成功将屈服强度提高了约 32 MPa。另外，促进动态再结晶行为以提升力学性能是初始 {10$\bar{1}$2} 孪晶的重要用途。Zhang 等人[6]通过初始孪晶有效促进了 AZ31 镁合金动态再结晶行为并获得了均匀细小组织（晶粒尺寸约 2 μm），从而将屈服强度提升了 67 MPa。在镁合金薄板产品实际生产中，为了提升镁板的可加工性，升高加工温度是常用手段。Jiang 等人[7]认为在多向锻过程中，{10$\bar{1}$2} 拉伸孪晶的多个变体会发生交互作用并促进后续动态再结晶行为，进而获得细晶组织和双峰织构。因此，对预孪晶促进动态再结晶行为的相关研究应进一步深入。

众所周知，动态再结晶行为与诸多因素相关。比如，Liu 等人[8]认为 AZ31 镁合金薄板动态再结晶晶粒取向与初始织构密切相关。Azeem 等人[9]发现动态再结晶晶粒尺寸取决于母晶晶粒取向。Song 等人[10]报道称，动态再结晶行为只有在应变垂直于预置 {10$\bar{1}$2} 拉伸孪晶界时才发生。一般认为 {10$\bar{1}$2} 拉伸孪晶形成与否依赖于加载方向，比如 Liu 等人[11]发现应变路径主导 AZ31 镁合金板材变形过程所激活的变形机制，并最终导致了材料的各向异性。相应地，去孪生作为 {10$\bar{1}$2} 拉伸孪生的反向机制，其必然受加载方向影响。显然，动态再结晶行为与去孪生均受加载方向影响，故它们之间极大可能存在相互作用关系。

因此，系统研究预孪晶 AZ31B 镁合金薄板去孪生与动态再结晶行为尤为重要。本章中，以单轴拉伸变形作为切入点，设置 5 组变形温度和 7 组加载方向，分析拉伸力学行为和显微组织演变，研究加载方向对 AZ31B 镁合金薄板变形机制的影响，特别是对预孪晶 AZ31B 镁合金中去孪生、动态再结晶及二者交互作用做深入探究。

2.2　实验材料与方法

实验材料为轧制退火态 AZ31B 镁合金板材，板材厚度为 1 mm。将整张 AZ31B 镁合金板材（1000 mm×500 mm）切割为 50 mm×50 mm 方形片，将部分方形片进行预孪晶处理，所用模具如图 1-9 所示。预孪晶方向为横向，预孪晶速度为 1 mm/min，压缩量约为 5.2%。预孪晶处理后，试样不进行任何热处理。将上述未预孪晶试样与预孪晶试样分别命名为原始试样（AR 试样）与预孪晶试样（PT 试样）。将原始试样与预孪晶试样按图 2-1 所示切割成单轴拉伸试样，并在万能试验机 DNS-200 上进行单轴拉伸变形，拉伸速度为 3 mm/min，拉伸温度为室温（RT）、100 ℃、150 ℃、200 ℃ 与 250 ℃，拉伸前保温 5 min。将性能测试所得数据进行后续处理，将小变形试样平行段切下并进行金相与 EBSD 表征分析。

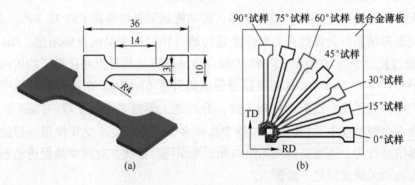

图 2-1　拉伸试样及尺寸示意图
（a）拉伸试样；（b）拉伸试样取样方向

2.3　室温加载方向对预孪晶 AZ31B 镁合金薄板单轴拉伸变形的影响

2.3.1　初始材料

所用 AZ31B 镁合金薄板的显微组织和极图如图 2-2 所示，其中，LAGB 是小角度晶界（low angle grain boundary），HAGB 是大角度晶界（high angle grain boundary），$\{10\bar{1}2\}$ TT 是 $\{10\bar{1}2\}$ 拉伸孪晶（$\{10\bar{1}2\}$ tensile twin），$\{10\bar{1}1\}$ CT 是 $\{10\bar{1}1\}$ 压缩孪晶（$\{10\bar{1}1\}$ contraction twin）。可见，原始试样晶粒组织为均匀等轴晶组织（见图 2-2（a）和（b）），平均晶粒尺寸约为 16.3 μm。根据图 2-2（c）可知，原始试样织构是典型的基面板织构，其最大织构强度为 19.81。这是一种常见于 AZ31 镁合金轧板的织构，其形成原因是轧制过程中激活了大量基面<a>滑移[2]。对于预孪晶试样，从图 2-2（d）可见，虽然晶粒形貌尺寸并未明显变化，但绝大部分晶粒内部出现了透镜状孪晶片层；并且由图 2-2（e）可进一步获知所得孪晶类型为 $\{10\bar{1}2\}$ 拉伸孪晶，因此，预孪晶处理成功地将目标孪晶（$\{10\bar{1}2\}$ 拉伸孪晶）引入 AZ31B 镁合金薄板中。由于引入了 $\{10\bar{1}2\}$ 拉伸孪晶，预孪晶试样的织构类型不再是（0001）基面织构，极密度中心位于 TD 方向且强度为 15.78，说明此时 $\{10\bar{1}2\}$ 拉伸孪晶取向占主导地位，其织构类型应为 $\{10\bar{1}2\}$ 孪生织构，如图 2-2（f）所示。

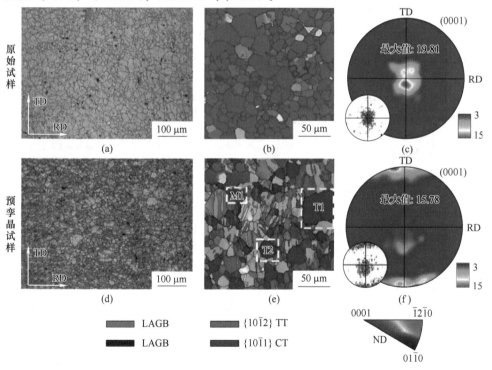

图 2-2 AZ31B 镁合金薄板试样的显微组织和极图

(a)（d）金相组织；(b)（e）IPF 图；(c)（f)（0001）极图

彩图

2.3.2　加载方向对拉伸力学性能的影响

图 2-3 给出了室温下 AZ31B 镁合金薄板各方向单轴拉伸变形力学行为。由图 2-3（a）可见，对于原始试样，单轴拉伸变形加载方向（下称"加载方向"）对其真实应力应变曲线并无明显影响，均为上凸形，这是一种常见拉伸曲线，其原因主要是样品拉伸过程中位错运动[12]。如图 2-3（b）所示，试样的屈服强度

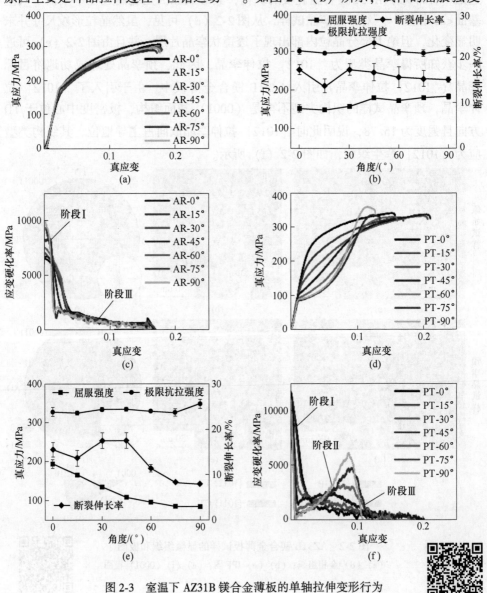

图 2-3　室温下 AZ31B 镁合金薄板的单轴拉伸变形行为

彩图

随 θ 增加而略微上升；极限抗拉强度几乎不受 θ 影响，但在 45°时出现极大值；断裂伸长率随 θ 增加呈总体下降趋势，具体数值列于表2-1。图2-3（c）是图2-3（a）各曲线对应的应变硬化率曲线，它们都由两阶段组成：急速下降阶段（阶段 I）和平缓下降阶段（阶段 III）。有报道称[13]，阶段 I 成因是单轴拉伸变形过程中弹性变形向塑性变形转变，而阶段 III 主要是由塑性变形过程中位错运动所致。

表 2-1　室温下 AZ31B 镁合金薄板原始试样的力学性能

加 载 方 向	AR-0°	AR-15°	AR-30°	AR-45°	AR-60°	AR-75°	AR-90°
屈服强度/MPa	151.4±8.8	148.5±1.2	156.8±2.0	179.6±4.8	171.5±4.5	179.3±3.5	183.0±4.9
极限抗拉强度/MPa	299.9±7.0	294.8±3.0	296.8±2.5	321.5±14.2	297.5±5.3	294.4±8.0	302.2±8.9
断裂伸长率/%	17.4±1.1	13.8±1.5	17.4±1.3	16.8±1.9	15.7±2.3	15.4±1.7	15.1±0.2

对于预孪晶试样，其力学行为与原始试样明显不同。由图2-3（d）可见，预孪晶试样的7个加载方向下所得真实应力应变曲线存在两种形状：上凸形与下凹形，其中 PT-0°、PT-15°和 PT-30°属于上凸形，PT-45°、PT-60°、PT-75°和 PT-90°属于下凹形。一般而言，下凹形曲线是拉伸过程中孪生开动所致，因此，孪生应当参与了 PT-45°、PT-60°、PT-75°和 PT-90°单轴拉伸变形过程。与原始试样不同，预孪晶试样的力学性能与 θ 密切相关。如图2-3（e）和表2-2所示，试样的屈服强度随 θ 增加而逐渐降低，这是由于孪生参与了变形；极限抗拉强度几乎不受 θ 影响，在 90°时出现最大值；断裂伸长率随 θ 增加而整体降低，但在 30°与 45°时有最大值，Song 等人[13]曾报道类似现象并认为这是因为预孪晶试样沿 45°拉伸时有利于基面滑移开动，从而获得较好塑性。图2-3（f）是预孪晶试样的应变硬化率曲线，可见，应变硬化率曲线各不相同。与原始试样类似，PT-0°、PT-15°和 PT-30°仅包含阶段 I 和阶段 III；而 PT-45°、PT-60°、PT-75°和 PT-90°除阶段 I 和 III 外，还包含上升阶段（阶段 II），通常认为该阶段主要是孪生所致[14]。综合图2-3可知，加载方向对 AZ31B 镁合金薄板原始试样单轴拉伸变形力学行为并无显著影响，但其对预孪晶试样具有显著影响，即随着 θ 增加，预孪晶试样的屈服强度降低，塑性变差，应变硬化阶段 II 增强。

表 2-2　室温下 AZ31B 镁合金薄板预孪晶试样的力学性能

加 载 方 向	PT-0°	PT-15°	PT-30°	PT-45°	PT-60°	PT-75°	PT-90°
屈服强度/MPa	193.7±10.8	164.8±3.5	133.7±4.1	107.8±0.2	94.5±1.1	82.8±1.6	83.5±4.1
极限抗拉强度/MPa	328.6±11.7	325.1±3.3	334.4±4.5	335.8±3.2	330.5±1.9	326.3±9.0	348.7±12.0
断裂伸长率/%	15.5±1.6	13.5±1.8	17.5±1.8	17.5±1.9	11.3±0.8	8.2±0.1	7.8±0.1

2.3.3　不同加载方向下的去孪生行为

2.3.2 节给出了 AZ31B 镁合金薄板各加载方向的力学行为，而力学行为是由显微组织决定的，因此，本小节将讨论小变形试样的显微组织演变，分析加载方向对显微组织的影响，并依此解释力学行为。为了进一步解释由加载方向不同所引起的力学行为与显微组织差异，选取 PT 试样 PT-45°-5%、PT-60°-5%、PT-75°-5% 和 PT-90°-5% 试样进行 EBSD 表征分析。图 2-4 给出了 PT 试样、PT-45°-5%、PT-60°-5%、PT-75°-5% 和 PT-90°-5% 试样的 EBSD 结果，其中 LD 是加载方向（loading direction）。

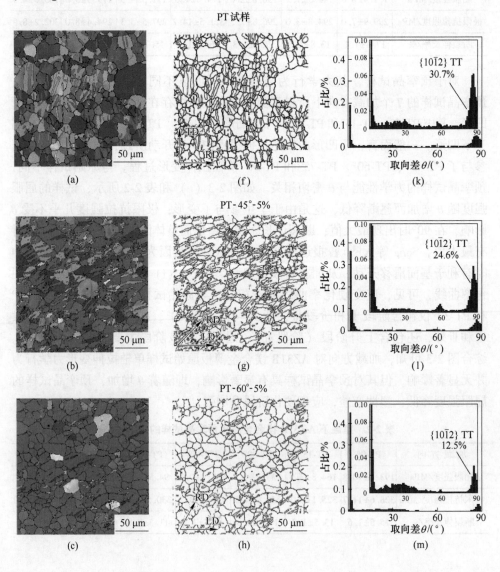

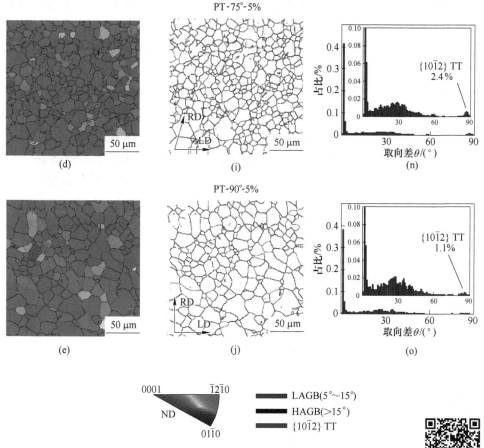

图 2-4 预孪晶试样在不同加载方向拉伸变形 5% 后的 EBSD 结果

(a) ~ (e) IPF 图; (f) ~ (j) 晶界图; (k) ~ (o) 取向差分布直方图

彩图

由图 2-4 (a) 和 (e) 可见，随着 θ 增加，孪晶量逐渐减少，这与金相观察结果一致。先前报道称[15-16]，镁合金中去孪生发生迅速，并在应变量与预孪晶应变量相等时去孪生完全。在本研究中，预孪晶应变量约 5%，小变形应变量也约 5%，故小变形结束后，去孪生应当完全，初始孪晶应当无保留。显然，PT-90°-5% 试样所得结果与理论预测一致，如图 2-4 (e)、(j) 和 (o) 所示。然而，对于其他加载方向，去孪生行为并不完全。如图 2-4 (b) ~ (d)、图 2-4 (g) ~ (i) 所示，PT-45°-5%、PT-60°-5% 和 PT-75°-5% 三个试样中检测到 {10$\bar{1}$2} 孪晶界，说明去孪生并不完全，进一步地，由图 2-4 (l) ~ (n) 可见，{10$\bar{1}$2} 孪晶界含量分别为 24.6%、12.5% 和 2.4%，表明去孪生随 θ 增加而显著。PT-75°-5% 中残余 {10$\bar{1}$2} TT 的量与 PT-90°-5% 相差无几，表明应变量等于预孪晶应变量条件下，当 θ 为 75°时，去孪生已基本完全，这与 Hama 等人[17]所观察的现象相似，说明去孪生并不需要完全反向加载也可以实现。同样地，当 θ 为 45°与 60°时，去孪生也能发生，但程度明显不及 75°与 90°加载方向，如果继续加载，去孪生或许能完全，$\{10\bar{1}2\}$ 拉伸孪晶可能无保留。对比图 2-4（k）与（l）可知，PT 试样与 PT-45°-5%中 $\{10\bar{1}2\}$ 拉伸孪晶界含量相近，但它们的 IPF 图明显不同：图 2-4（a）中以蓝色与绿色为主，而图 2-4（b）中以红色为主。此外，在图 2-4（l）中可观察到轻微 60°取向差分布，表明可能存在 $\{10\bar{1}2\}$-$\{10\bar{1}2\}$ 二次孪晶，说明当 θ 为 45°时，有助于初始孪晶中再次形成 $\{10\bar{1}2\}$ 拉伸孪晶。

因此，加载方向对 AZ31B 镁合金薄板原始试样单轴拉伸变形显微组织演变并无明显影响，但其对预孪晶试样具有显著影响。当 $\theta<45°$时，大量 $\{10\bar{1}2\}$ 拉伸孪晶保留，说明去孪生不发生；当 $\theta\geq45°$时，初始 $\{10\bar{1}2\}$ 拉伸孪晶随 θ 增加而减少，说明去孪生可被激活。

2.3.4　孪生织构与基面织构演化行为

2.3.3 节给出了 AZ31B 镁合金薄板各加载方向下组织演变，并简要分析了加载方向对显微组织的影响。除显微组织外，织构分析是镁合金薄板研究的重要内容，因此，本小节基于 EBSD 表征结果分析加载方向对织构的影响。

图 2-5 给出了 PT 试样、PT-45°-5%、PT-60°-5%、PT-75°-5%和 PT-90°-5%试样的（0001）极图。由图 2-5（c）~（e）可见，PT-60°-5%、PT-75°-5%和 PT-90°-5%试样的织构为基面织构，这是因为去孪生使 $\{10\bar{1}2\}$ 孪生织构成分消失，试样回归原始取向，即基面织构取向。对于 PT-60°-5%，虽然在（0001）基面织构云图（见图 2-5（c））中不能观察到 $\{10\bar{1}2\}$ 孪生部分，但在图 2-5（h）中仍能观察到 $\{10\bar{1}2\}$ 孪生织构成分，表明去孪生并不完全。对于 PT-75°-5%和 PT-90°-5%，不论是（0001）基面织构云图（见图 2-5（d）和（e）），还是 $\{10\bar{1}2\}$ 孪生织构成分散点图（见图 2-5（i）和（j）），均难以观察到 $\{10\bar{1}2\}$ 孪生，表明去孪生基本完全。对于 PT-45°-5%，其（0001）极图仍为双峰状（见图 2-5（b）），说明基面织构成分与 $\{10\bar{1}2\}$ 孪生织构成分同时存在。显然，PT-45°-5%与 PT 试样所表现的（0001）极图相似，不同的是，前者极密度中心位于 ND 位置且强度仅为 9.70，而后者极密度中心位于 TD 且强度为 15.78，说明当 θ 为 45°时，去孪生使 $\{10\bar{1}2\}$ 孪生织构成分减弱、基面织构成分增强，但程度远不及 θ 为 60°、75°和 90°时。综合图 2-5 可知，加载方向对预孪晶试样织构有一定影响，并且这些影响与其对显微组织的影响类似。

图 2-6 给出了 PT 试样、PT-45°-5%、PT-60°-5%、PT-75°-5%和 PT-90°-5%试样中各织构组分的体积分数。需要注意的是，图 2-6 中 $\{10\bar{1}2\}$ 孪晶体积分数与

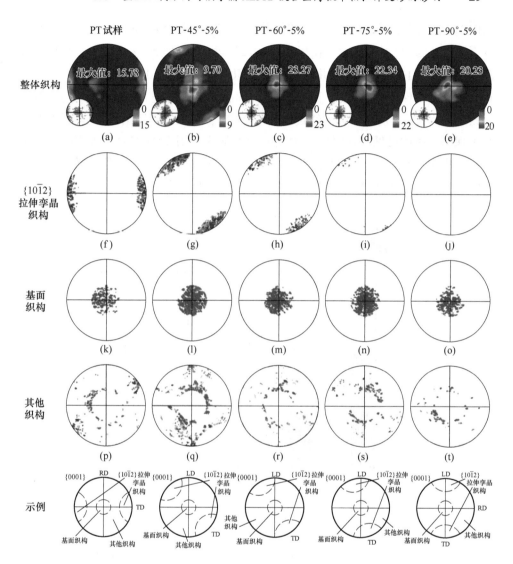

图 2-5　预孪晶试样在不同加载方向拉伸变形 5% 后的（0001）极图

(a)～(e)（0001）基面织构云图；(f)～(j)｛10$\bar{1}$2｝孪生织构成分；
(k)～(o) 基面织构成分；(p)～(t) 其余织构成分

图 2-4 中 ｛10$\bar{1}$2｝孪晶分数不同。计算 ｛10$\bar{1}$2｝孪晶体积分数时，是基于织构组分，故所得结果是 ｛10$\bar{1}$2｝孪生取向在所标定试样范围中面积的占比；计算 ｛10$\bar{1}$2｝孪晶体积分数时，是基于取向差角，故所得结果是 ｛10$\bar{1}$2｝孪生取向差在所有取向差中的占比。如图 2-6 所示，PT-45°-5% 中 ｛10$\bar{1}$2｝孪晶体积分数为 28.8%，较 PT 试样（61.7%）下降 32.9%，然而，在图 2-4 中 PT-45°-5% 中

$\{10\bar{1}2\}$ 孪晶分数（24.6%）较 PT 试样（30.7%）仅下降 6.1%。这说明 5% 应变下，当 θ 为 45° 时，去孪生仅仅使 $\{10\bar{1}2\}$ 孪晶界发生迁移并缩小 $\{10\bar{1}2\}$ 孪晶片层，但 $\{10\bar{1}2\}$ 孪晶界并未消失。类似地，当 θ 为 60° 时，$\{10\bar{1}2\}$ 孪晶体积分数几乎不保留（4.3%）而 $\{10\bar{1}2\}$ 孪晶界分数大量保留（12.5%），如图 2-6、图 2-4（m）所示。当 θ 继续增加至 75° 时，$\{10\bar{1}2\}$ 孪晶体积与孪晶界均几乎不保留。由此可见，去孪生行为受 θ 影响显著，当 $\theta \leqslant 60°$ 时，去孪生速度较慢，仅发生 $\{10\bar{1}2\}$ 孪晶界迁移，若继续增加应变，去孪生将更完全。当 $\theta \geqslant 75°$ 时，去孪生速度较快，$\{10\bar{1}2\}$ 孪晶片层快速缩小并在 5% 应变下消失。

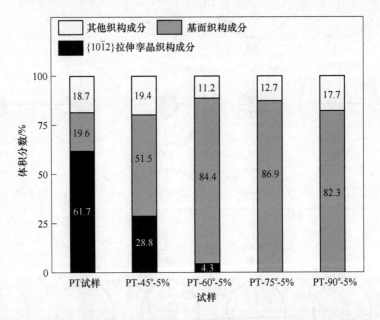

图 2-6　预孪晶试样在不同加载方向拉伸变形 5% 后的织构组分体积分数

因此，加载方向对预孪晶 AZ31B 镁合金薄板织构演化影响明显，即 $\{10\bar{1}2\}$ 孪生织构消失效率随 θ 增加而增加，与显微组织相似，这是由去孪生行为所致。

2.3.5　施密特因子、VPSC 拟合及综合讨论

前面描述了加载方向对预孪晶 AZ31B 镁合金薄板去孪生行为的影响，该影响体现于力学性能曲线、显微组织与织构演化，而这些演化行为受变形机制影响[18-19]。众所周知，镁合金中各变形机制受施密特因子影响[20]。

为了进一步解释单轴拉伸过程中预孪晶 AZ31B 镁合金变形机制激活情况，计算了 PT 试样在各拉伸方向 θ 下施密特因子分布，如图 2-7 所示。可见，随着 θ 增加，基面滑移施密特因子先上升后下降，并在 θ 为 45° 时达到最大值；柱面滑

移施密特因子逐渐减小；去孪生施密特因子逐渐增大。考虑到室温下 AZ31B 镁合金各滑移系统中，基面滑移临界剪切应力最小，因此其对塑性变形贡献应当最大。如图 2-7（d）所示，当 θ 为 45° 时，PT 试样基面滑移施密特因子最大（0.36），柱面滑移施密特因子中等（0.28），故可以预测预孪晶 AZ31B 镁合金在45°拉伸时塑性最优，该预测与结果（见图 2-3（d）和（e））相呼应，并与 Song 等人[13,21]所得研究结果一致。根据图 2-7 计算所得，柱面滑移应在 θ 为 0° 和 15°时主导 PT 试样变形，基面滑移应在 θ 为 30°、45° 和 60° 时主导变形，去孪生应在 θ 为 75° 和 90° 时主导变形。相似地，Yu 等人[22]认为室温拉伸主要变形机制与

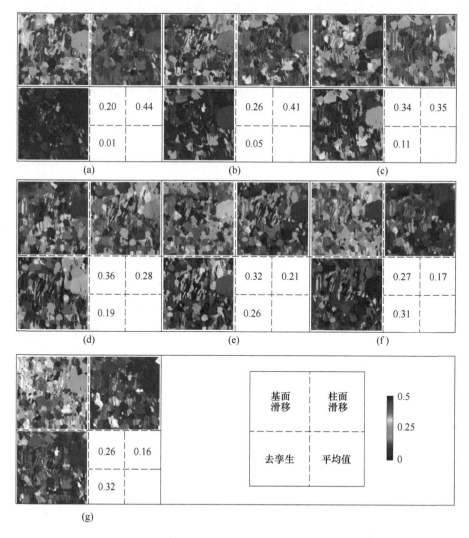

图 2-7 PT 试样在不同拉伸方向 θ 下的施密特因子值分布图

(a) 0°；(b) 15°；(c) 30°；(d) 45°；(e) 60°；(f) 75°；(g) 90°

加载方向和晶粒 c 轴的夹角有关，并计算得出当该夹角 $\theta = 0° \sim 20°$ 时由 $\{10\bar{1}2\}$ 拉伸孪生主导，$\theta = 22° \sim 77°$ 时由基面滑移主导，$\theta > 70°$ 时由柱面滑移主导。

在镁合金中，$\{10\bar{1}2\}$ 拉伸孪晶通常将与母体呈 86.3° 取向差[23]，因此，有必要将 $\{10\bar{1}2\}$ 孪晶片层与母体分开讨论。如图 2-8 所示，挑选图 2-2（e）中白色虚线框内晶粒进行施密特因子计算。显然，对于母体 M1，基面滑移、柱面滑移与去孪生的施密特因子几乎不受 θ 影响，而孪晶 T1 与 T2 受 θ 影响明显且规律并与图 2-7 中 PT 试样整体规律相似。所以，主导 PT 试样施密特因子规律的是组织中 $\{10\bar{1}2\}$ 孪生取向晶粒（如 T1 和 T2）。这是因为当 θ 改变时，对于母体晶粒而言，拉伸方向仍然位于晶粒基面上，又因为基面对称性较强，故 θ 对母体晶粒的基面滑移、柱面滑移与孪生影响微弱。然而，对于孪生晶粒，当 θ 改变时，拉伸方向与孪生晶粒 c 轴夹角发生改变，导致孪生晶粒的基面滑移、柱面滑移与去孪生施密特因子明显变化。值得注意的是，当 θ 为 45° 或 60° 时，孪晶 T1 与 T2 去孪生施密特因子仅有 0.3 左右，如图 2-8（k）与（s）所示。这说明此时去孪生虽能激活，但激活程度应当不如 θ 为 75° 或 90° 时，正好解释了图 2-5（d）中大量孪晶片层残留并印证了图 2-4~图 2-6 中的相关描述。

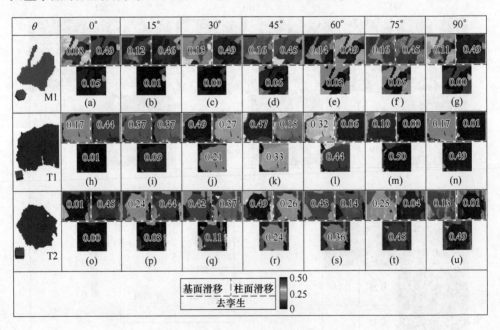

图 2-8　图 2-2（e）中晶粒 M1、T1 与 T2 在各拉伸方向 θ 下的施密特因子值

另外，黏塑性自洽多晶体塑性模型（visco-plastic self consistent，VPSC）是一种理论预测分析拉伸过程变形机制开动情况的方法，图 2-9 给出了 PT-0° 与 PT-

90°的 VPSC 拟合结果，表 2-3 是 VPSC 模型参数选取，所用 VPSC 模型考虑了孪生-去孪生行为，即 VPSC-TDT 模型。该硬化机制为 Voce-硬化机制，见式 (2-1)[24-25]。

$$\hat{\tau}^s = \tau_0^s + \left(\tau_1^s + \theta_1^s \Gamma \right) \left[1 - \exp\left(-\Gamma \left| \frac{\theta_0^s}{\tau_1^s} \right| \right) \right] \tag{2-1}$$

式中　$\hat{\tau}^s$ ——机制 s 的剪切力阈值，N；

τ_0^s ——机制 s 的初始临界剪切应力，N；

τ_1^s ——机制 s 的外推临界剪切应力，N；

θ_1^s ——机制 s 的渐进硬化率；

θ_0^s ——机制 s 的初始硬化率；

Γ ——机制 s 的晶内累计剪切应变，$\Gamma = \sum\limits_{s} \Delta\gamma^s$；

s ——所考虑的变形机制。

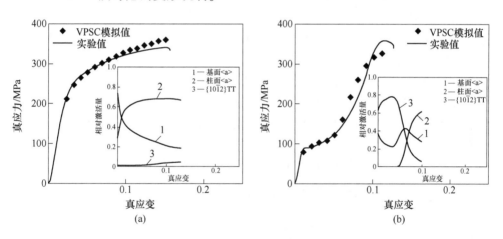

图 2-9　VPSC 拟合拉伸曲线与预测相对激活量

（a）PT-0°；（b）PT-90°

表 2-3　VPSC 模拟参数

位　　置	τ_0/MPa	τ_1/MPa	h_0/MPa	h_1/MPa	A_1	A_2
基面 $<a>$	30	20	1000	200		
柱面 $<a>$	150	100	280	10		
$\{10\bar{1}2\}$ TT	45				0.9	1.0

需要指出的是，选取 PT-0°是为了解释上凸类曲线，而 PT-90°则代表了下凹类曲线。由图 2-9（a）可见，基面滑移主要在拉伸变形开始瞬间激活较多，而柱面滑移主导了大部分变形，这与施密特因子分析所得相符。结合图 2-7 中施密特

因子分析, 当 θ 增大时, 基面滑移激活量应逐渐增大, 并在 θ 为 30° 和 45° 时主导变形, 因此, 图 2-3 (d) 中曲线上凸程度随 θ 增加而减缓。对于 PT-90°, 去孪生被大量激活, 与施密特因子分析一致; 去孪生仅参与并主导其前 5% 拉伸变形, 5% 应变量后变形主要由滑移主导, 这是因为去孪生使初始孪晶消失、组织恢复至原始形貌, 此时孪生/去孪生无法开动 (见图 2-8 中的母晶 M1), 故滑移开动以协调后续应变。结合前文的组织、织构与施密特因子分析, 可以推断, 当 θ 减小时, 由于去孪生激活程度下降, 基面滑移与柱面滑移激活量应当上升; 此外, 去孪生所参与的变形量应当增加, 故图 2-3 (d) 中曲线出现了下凹程度随 θ 减小而减缓的现象。图 2-9 结果表明, 由滑移主导的拉伸变形, 其曲线呈上凸形; 由去孪生主导的拉伸变形, 其曲线呈下凹形, 这与 2.3.3 节中分析相呼应。

本节中, 通过显微组织、织构、施密特因子及 VPSC 分析, 解释了室温下加载方向对预孪晶 AZ31B 镁合金薄板单轴拉伸变形行为的影响。当 $\theta<45°$ 时, 预孪晶 AZ31B 镁合金薄板拉伸曲线呈上凸形, 且上凸程度随 θ 增大而减缓。这是因为显微组织中 $\{10\bar{1}2\}$ 孪生取向晶粒内基面滑移开动更易、激活更多, 最终屈服强度更低。当 $\theta \geqslant 45°$ 时, 去孪生因具有较高施密特因子而能够被激活, 其被激活程度随 θ 增大而剧烈并逐渐主导变形。因此, 预孪晶 AZ31B 镁合金薄板拉伸曲线呈下凹, 且下凹程度随 θ 增大而增大, 同时屈服强度进一步降低。总而言之, 加载方向对预孪晶 AZ31B 镁合金薄板室温拉伸行为影响显著, 是因为基面滑移、柱面滑移与去孪生在施密特因子作用下随 θ 变化而分别作为主导变形。

2.4　温条件加载方向对预孪晶 AZ31B 镁合金薄板单轴变形的影响

2.4.1　真实应力应变、应变硬化率曲线与力学性能分析

2.3 节已经讨论了室温下加载方向对预孪晶 AZ31B 镁合金薄板单轴变形行为的影响, 本节将引入温度变量, 揭示温条件下加载方向对预孪晶 AZ31B 镁合金薄板单轴变形行为的影响。本节所用初始材料与 2.3 节中基本一致 (见图 2-2)。

图 2-10 给出了 AZ31B 镁合金薄板在 100 ℃ 与 150 ℃ 下的拉伸力学行为, 表 2-4 ~ 表 2-7 给出了相应 AZ31B 镁合金薄板的力学性能数值。在 100 ℃ 下, 原始试样表现的拉伸力学行为与室温下规律几乎一致。具体地, 加载方向对真实应力应变曲线形状没有影响, 均为上凸形; 加载方向对拉伸性能影响很小, 其中 θ 为 60°、75° 与 90° 时, 原始试样的极限抗拉强度较低; 应变硬化率曲线仅有阶段 I 与阶段 III, 说明在 100 ℃ 下原始试样的单轴拉伸主要由位错运动主导。然而, 对于预孪晶试样, 其规律与室温下有所不同。预孪晶试样的真实应力应变曲线随 θ

增加而逐渐由上凸形变为下凹形；相应地，应变硬化率曲线逐渐变为三个阶段，但是 PT-45°并没有出现阶段Ⅱ。当 θ 为 75°、90°时，预孪晶试样具有较高极限抗拉强度(约 278.5 MPa、272.5 MPa)与较低屈服强度(约 83.0 MPa、78.4 MPa)。此外，预孪晶试样的断裂伸长率随 θ 增加而单调减小，并未像室温下那样在 45°下出现最大值。

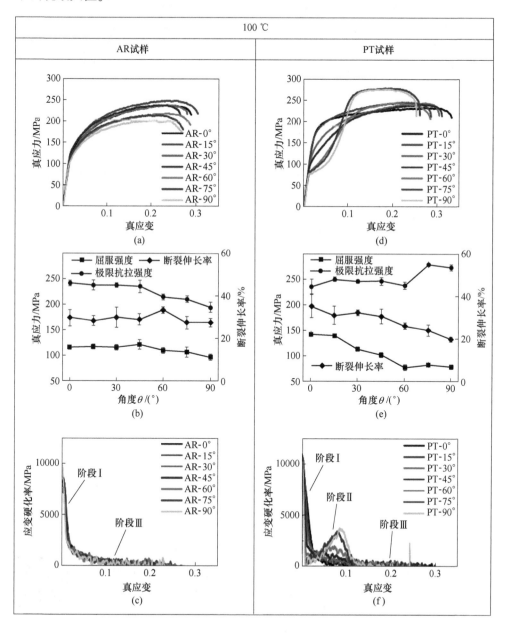

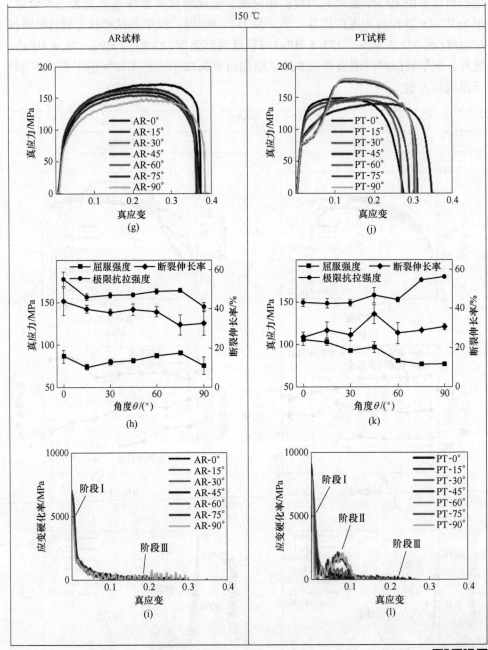

图 2-10 100 ℃与 150 ℃下 AZ31B 镁合金薄板的拉伸力学行为

(a)~(c) 100 ℃，AR 试样；(d)~(f) 100 ℃，PT 试样；

(g)~(i) 150 ℃，AR 试样；(j)~(l) 150 ℃，PT 试样

彩图

表 2-4 100 ℃下 AZ31B 镁合金薄板原始试样的力学性能

加载方向	AR-0°	AR-15°	AR-30°	AR-45°	AR-60°	AR-75°	AR-90°
屈服强度/MPa	116.5±3.8	117.4±4.1	115.2±4.4	121.6±9.2	109.4±3.8	106.9±9.8	96.8±5.1
极限抗拉强度/MPa	242.0±4.6	237.3±10.0	237.7±3.1	235.4±11.9	214.3±5.4	210.2±5.6	194.5±9.9
断裂伸长率/%	29.6±3.7	28.3±2.3	29.9±4.7	28.9±2.6	33.3±1.5	27.4±2.9	27.5±2.0

表 2-5 100 ℃下 AZ31B 镁合金薄板预孪晶试样的力学性能

加载方向	PT-0°	PT-15°	PT-30°	PT-45°	PT-60°	PT-75°	PT-90°
屈服强度/MPa	142.2±2.0	139.1±2.6	112.7±3.3	101.6±3.0	76.5±4.5	83.0±0.7	78.4±3.4
极限抗拉强度/MPa	234.9±14.8	249.4±4.2	254.2±2.6	245 8+7.1	237.9±6.1	278.5±3.0	272.5±5.8
断裂伸长率/%	35.4±5.4	31.0±4.2	32.3±0.9	30.5±3.4	26.2±1.2	24.0±2.6	19.7±0.9

表 2-6 150 ℃下 AZ31B 镁合金薄板原始试样的力学性能

加载方向	AR-0°	AR-15°	AR-30°	AR-45°	AR-60°	AR-75°	AR-90°
屈服强度/MPa	86.5±7.4	74.3±2.9	79.7±3.2	81.4±2.4	87.5±2.0	90.6±0.5	75.6±9.8
极限抗拉强度/MPa	177.6±8.6	156.3±3.4	158.8±2.6	158.8±1.2	162.9±2.5	164.0±1.5	144.5±4.9
断裂伸长率/%	43.9±7.0	39.9±1.8	38.1±1.7	39.5±2.8	38.6±2.5	31.9±5.1	32.9±6.5

表 2-7 150 ℃下 AZ31B 镁合金薄板预孪晶试样的力学性能

加载方向	PT-0°	PT-15°	PT-30°	PT-45°	PT-60°	PT-75°	PT-90°
屈服强度/MPa	106.8±7.7	102.8±3.6	93.0±2.0	97.0±6.3	81.2±0.7	76.9±1.7	77.2±2.2
极限抗拉强度/MPa	149.2±4.0	148.2±5.5	148.9±3.5	157.9±8.7	152.4±0.8	176.0±1.3	179.3±1.4
断裂伸长率/%	25.7±2.2	29.2±4.0	26.6±3.1	37.3±4.7	27.4±5.4	29.0±0.4	30.8±1.1

当温度为 150 ℃时，原始试样的真实应力应变曲线与应变硬化率曲线均不受加载方向影响，同时，图 2-10 (g) 和 (i) 表明原始试样的单轴拉伸以位错运动主导。7 个加载方向中，θ 为 0° (RD) 时极限抗拉强度最大 (约 177.6 MPa)，θ 为 90° (TD) 时极限抗拉强度最小 (约 144.5 MPa)。对于预孪晶试样 (PT 试样)，随着 θ 增加，真实应力应变曲线由上凸形逐渐变为下凹形，应变硬化率曲线逐渐由两个阶段变为三个阶段，且 PT-60° 试样的阶段 Ⅱ 几乎消失。由图 2-10 (j) 可以看出，PT-75° 与 PT-90° 试样的真应力在达到峰值后逐渐下降，这是因为此时试样出现软化现象[26]，相应地，其应变硬化率为负 (见图 2-10 (l))。该现象说明 150 ℃下，部分预孪晶试样的加工软化强于加工硬化，这可能是因为此

温度下再结晶能够发生并参与塑性变形。与室温、100 ℃下相同，当 θ 为 75°、90°时，预孪晶试样具有较高抗拉强度（约 176.0 MPa、179.3 MPa）与较低屈服强度（约 76.9 MPa、77.2 MPa）。

图 2-11 给出了 AZ31B 镁合金薄板在 200 ℃与 250 ℃下拉伸力学行为，表 2-8~表 2-11 给出了相应 AZ31B 镁合金薄板的力学性能。200 ℃时 AR 试样的力学行为与低于200 ℃时的力学行为（见图 2-3（a）~（c）、图 2-10（a）~（c）与图 2-10（g）~（i）规律基本相同，如图 2-11（a）~（c）所示。与低于 200 ℃时不同的是，图 2-11（a）中各曲线出现轻微抖动，这是发生动态再结晶所致[27]，是试样发生加工软化的重要证据。7 个加载方向中，θ 为 0°（RD）时，AR 试样的极限抗拉强度与屈服强度最低，约为 149.7 MPa 和 82.6 MPa，说明该加载方向下 AR 试样软化最严重；θ 为 15°时，AR-15°试样的极限抗拉强度与屈服强度最高，约为 165.5 MPa 和 104.8 MPa。对于 PT 试样，图 2-11（d）中各曲线也出现轻微抖动，并且PT-0°、PT-75°与PT-90°试样塑性变形段的真实应力应变曲线斜率为负，

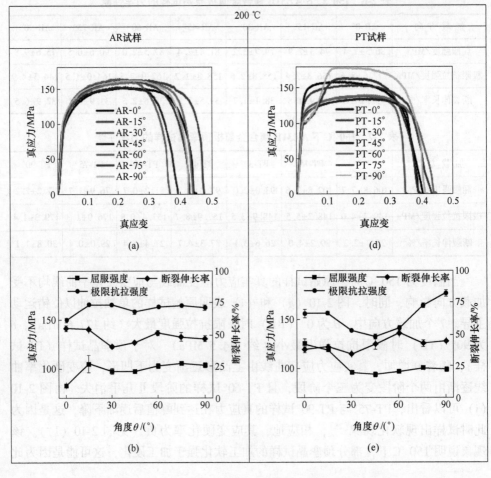

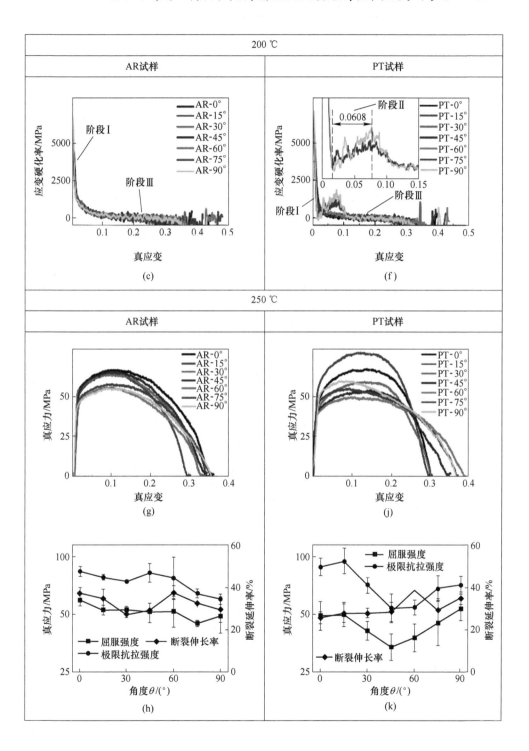

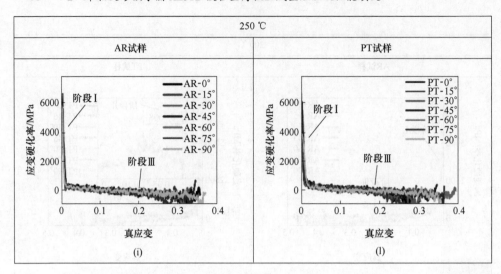

图 2-11　200 ℃与 250 ℃下 AZ31B 镁合金薄板拉伸的力学行为

(a)~(c) 200 ℃，AR 试样；(d)~(f) 200 ℃，PT 试样；

(g)~(i) 250 ℃，AR 试样；(j)~(l) 250 ℃，PT 试样

彩图

说明预置孪晶使 AZ31B 镁合金薄板动态再结晶行为更剧烈。由图 2-11 (e) 可以看出，PT-30°、PT-45°与 PT-60°试样的极限抗拉强度与屈服强度明显低于 PT-0°与 PT-15°，这是预孪晶试样在 200 ℃以下没有出现的现象。类似地，PT-75°与 PT-90°试样因发生去孪生而具有较高极限抗拉强度，这与图 2-11 (d) 中出现的屈服平台和图 2-11 (f) 中出现的阶段 Ⅱ 相呼应。

表 2-8　200 ℃下 AZ31B 镁合金薄板原始试样的力学性能

加 载 方 向	AR-0°	AR-15°	AR-30°	AR-45°	AR-60°	AR-75°	AR-90°
屈服强度/MPa	82.6±1.0	104.8±8.7	97.4±2.5	96.9±1.5	102.9±2.0	105.4±0.6	103.7±2.4
极限抗拉强度/MPa	149.7±1.7	165.5±0.3	165.4±0.1	158.3±1.3	163.2±1.0	164.7±0.4	162.6±2.4
断裂伸长率/%	54.9±1.9	54.3±0.0	40.7±1.1	43.8±0.7	51.3±1.5	48.3±3.3	46.9±2.0

表 2-9　200 ℃下 AZ31B 镁合金薄板预孪晶试样的力学性能

加 载 方 向	PT-0°	PT-15°	PT-30°	PT-45°	PT-60°	PT-75°	PT-90°
屈服强度/MPa	124.7±5.5	119.0±1.2	96.1±0.6	94.4±1.8	96.9±0.6	100.7±1.0	99.4±1.5
极限抗拉强度/MPa	155.8±4.2	156.3±1.4	138.5±0.6	132.5±1.9	140.9±1.2	164.3±1.6	176.5±3.1
断裂伸长率/%	38.0±1.9	40.1±1.3	34.3±0.8	42.0±4.1	50.8±1.0	42.7±2.4	44.4±0.5

表 2-10　250 ℃下 AZ31B 镁合金薄板原始试样的力学性能

加载方向	AR-0°	AR-15°	AR-30°	AR-45°	AR-60°	AR-75°	AR-90°
屈服强度/MPa	56.1±2.4	52.0±2.0	52.0±1.4	50.8±4.1	51.1±6.7	46.1±1.4	49.2±7.1
极限抗拉强度/MPa	66.8±2.1	66.0±1.2	64.3±0.5	68.0±4.2	65.8±9.0	59.1±1.9	56.7±2.2
断裂伸长率/%	37.3±2.6	34.7±4.5	27.4±1.5	29.3±0.6	37.5±3.1	32.7±0.5	29.6±5.9

表 2-11　250 ℃下 AZ31B 镁合金薄板预孪晶试样力学性能

加载方向	PT-0°	PT-15°	PT-30°	PT-45°	PT-60°	PT-75°	PT-90°
屈服强度/MPa	49.3±6.1	49.9±5.1	42.9±3.9	35.9±5.7	39.9±5.9	51.9±0.4	52.4±5.0
极限抗拉强度/MPa	70.4±3.7	72.9±5.6	62.3±3.4	52.6±6.0	53.0±3.2	61.2±5.4	62.5±3.8
断裂伸长率/%	25.6±2.7	27.8±4.4	27.8±2.1	28.3±4.6	38.1±0.0	29.3±5.3	34.9±2.9

当温度达到 250 ℃时，原始试样与预孪晶试样均表现出与其他温度下截然不同的现象。不论是预孪晶试样还是原始试样，其真实应力应变曲线均为上凸形，说明该温度下应该不再发生去孪生，故图 2-11（1）中应变硬化率曲线不再有阶段 Ⅱ。由图 2-11（k）和表 2-11 可知，当 θ 为 45°时，PT-45°试样有最小极限抗拉强度与屈服强度（约 52.6 MPa 与 35.9 MPa），说明该加载方向应是一个软取向。另外，当 θ 为 15°时，PT-15°试样有最大极限抗拉强度（约 72.9 MPa），明显高于 θ 为 90°时（约 62.5 MPa），这与其他温度下所得结果显然不同，说明该温度下预孪晶 AZ31B 镁合金薄板单轴拉伸过程中变形机制不同。

图 2-10 和图 2-11 给出了温条件下（100 ℃、150 ℃、200 ℃和 250 ℃）AZ31B 镁合金薄板单轴拉伸变形力学行为。显然，原始试样在不同温度下表现的拉伸行为非常相似，均为位错主导变形，升高温度仅仅是增加动态再结晶行为而已。然而，对于预孪晶试样，不同温度下其拉伸过程的开动变形机制不同。由图 2-3（f）知室温下当 $\theta \geqslant 45°$时即可发生去孪生；当温度升高至 100 ℃时，图 2-10（f）中 PT-45°不再有阶段 Ⅱ；当温度进一步升高至 150 ℃时，图 2-10（1）中 PT-45°也没有阶段 Ⅱ 且 PT-60°阶段 Ⅱ 几乎消失；当温度达到 200 ℃时，图 2-11（f）中仅有 PT-75°和 PT-90°存在阶段 Ⅱ。这说明当拉伸温度升高时，原本在较低温度下可激活去孪生的加载方向（45°和 60°）却无法激活去孪生。这很可能是因为温度升高后，滑移所需临界剪切应力下降，而去孪生所需临界剪切应力几乎不受影响，因此，开动滑移变得更容易，从而抑制去孪生行为。当温度升高至 250 ℃时，所有预孪晶试样均没有阶段 Ⅱ（见图 2-11（1）），说明该温度下不再有去孪生，即使是最有利于开动去孪生的加载方向（90°）也不例外。这应该是因为 250 ℃下动态再结晶较为剧烈，晶粒生长较快，从而导致初始孪晶界湮灭而无法进行去孪生。因此，预孪晶试样单轴拉伸在温条件下有多种变形机制参与，

需要进一步研究温条件下加载方向对去孪生、动态再结晶及滑移等变形机制的影响。

2.4.2　去孪生与动态再结晶行为讨论

2.4.1 节给出了温条件下 AZ31B 镁合金薄板单轴拉伸力学曲线，根据所得力学行为简单阐述了温条件下可能开动的变形机制及加载方向对变形机制的影响。为了进一步阐明温条件下加载方向对去孪生、动态再结晶及二者交互影响，需要从微观组织层面做进一步分析。

为研究加载方向对温条件下 AZ31B 镁合金薄板去孪生与动态再结晶等变形机制的影响，挑选部分试样进行 EBSD 表征与分析，它们是 200 ℃ 与 250 ℃ 所对应的 PT-0°-25%、PT-45°-25%、PT-75°-25% 和 PT-90°-25%。

图 2-12 给出了 200 ℃ 下 PT-0°-25%、PT-45°-25%、PT-75°-25% 和 PT-90°-25% 试样的 IPF 图、晶界图和取向差分布直方图。显然，这四个样品的 IPF 图与其对应的金相组织基本一致，即 PT-0°-25% 和 PT-45°-25% 同时存在初始孪晶片层和再结晶晶粒，如图 2-12（a）和（d）所示；PT-75°-25% 中有残余孪晶而几乎没有动态再结晶小晶粒，如图 2-12（g）所示；PT-90°-25% 没有残余孪晶而有动态再结晶小晶粒，如图 2-12（j）所示。由晶界图可获取试样内 $\{10\bar{1}2\}$ 拉伸孪晶界数量，对于 PT-90°-25% 而言，由于去孪生比较彻底，其 $\{10\bar{1}2\}$ 拉伸孪晶界仅有 0.43%；对于 PT-75°-25% 而言，虽然去孪生不彻底，但其 $\{10\bar{1}2\}$ 拉伸孪晶界减少至 4.76%；对于 PT-45°-25% 和 PT-0°-25%，其 $\{10\bar{1}2\}$ 拉伸孪晶界仅为 5.37% 和 5.98%。显然，PT-0°-25%、PT-45°-25% 和 PT-75°-25% 中 $\{10\bar{1}2\}$ 拉伸孪晶界数量十分接近。前文提及，当 θ 为 0° 和 45° 时，试样协调拉伸应变主要依靠位错运动和动态再结晶行为；当 θ 为 75° 时，试样的主要塑性变形机制是去孪生。所以，即使试样内变形机制因加载方向不同而不同，但 $\{10\bar{1}2\}$ 孪晶界都会减少。除孪晶界数量外，孪晶界形貌也受影响，对比晶界图（见图 2-12（b）、（e）和（h））可发现，$\{10\bar{1}2\}$ 拉伸孪晶界在 PT-0°-25%、PT-45°-25% 和 PT-75°-25% 中有不同形貌，其中，在 PT-0°-25% 和 PT-45°-25% 中呈现的形貌一致。以 PT-45°-25% 为例，在图 2-12（e）中，$\{10\bar{1}2\}$ 拉伸孪晶界短而断续，这是因为试样中动态再结晶行为比较剧烈，而动态再结晶可以发生在孪晶界处并破坏孪晶界而使之不连续；并且，对比 IPF 图与晶界图可见，在 IPF 图中观察的一些孪晶片层，在晶界图中并未被识别为孪晶界。在图 2-12（h）中，$\{10\bar{1}2\}$ 拉伸孪晶界长且完整，这是因为试样中与孪晶界相关的变形机制是去孪生，而去孪生只会导致孪晶界迁移而不影响其完整性。导致 $\{10\bar{1}2\}$ 拉伸孪晶界在不同试样中呈现不同形貌的根本原因是试样内所发生的变形机制不同，动态再结晶主导的试

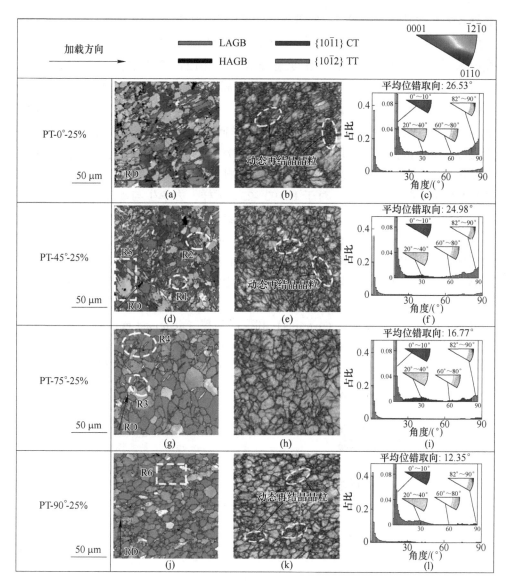

图 2-12 200 ℃下预孪晶试样在不同加载方向拉伸变形 25%后
的 IPF 图、晶界图与取向差分布直方图

(a) (d) (g) (j) IPF 图；(b) (e) (h) (k) 晶界图；

(e) (f) (i) (l) 取向差分布直方图

彩图

样中孪晶界断续（PT-0°-25%和 PT-45°-25%）而去孪生主导的试样中孪晶界完整
（PT-75°-25%）。此外，试样的取向差分布受加载方向影响明显。对于动态再结
晶主导组织演变的试样（PT-0°-25%和 PT-45°-25%），小角度晶界较少而大角度

晶界较多，尤其是 60°~80° 取向差偏多（PT-0°-25% 中的占 8.59%，PT-45°-25% 中的占 11.90%）。这是因为动态再结晶行为发生在预置 {10$\bar{1}$2} 拉伸孪晶界，在原本 86.3° 取向基础上很大程度地继承了 {10$\bar{1}$2} 孪生取向。因此，PT-0°-25% 和 PT-45°-25% 中平均取向差较其他试样高，即 26.53° 和 24.98°。在 PT-75°-25% 中，去孪生是主要变形机制，初始 {10$\bar{1}$2} 拉伸孪晶片层在去孪生作用下消失，同时 {10$\bar{1}$2} 孪生取向不再保留，试样回复至初始基面织构状态，其小角度晶界较多，因此其平均取向差较低（16.77°）。此过程中，动态再结晶虽不是主要机制，但也对取向差产生了一定影响，具体为图 2-12（i）中少量的 60°~80° 取向差（5.37%）。对于 PT-90°-25% 试样，去孪生与动态再结晶都有发生，试样的变形前期以去孪生主导而后期以动态再结晶。由于试样前期完全去孪生，在图 2-12（k）中未能观察到 {10$\bar{1}$2} 拉伸孪晶界，图 2-12（l）中 82°~90° 取向差几乎消失，试样的平均取向差只有 12.35°；试样后期又有轻微动态再结晶，其小角度晶界含量较 PT-75°-25% 高而比 PT-0°-25% 和 PT-45°-25% 低。

众所周知，镁合金动态再结晶组织中可根据取向差度数分为动态再结晶晶粒（DRXed grains）、亚晶粒（subgrains）和变形晶粒（deformed grains），通常而言，将 3° 定为划分这三类晶粒的标准[28]。基于此划分标准，图 2-13 给出了 200 ℃下 PT-0°-25%、PT-45°-25%、PT-75°-25% 和 PT-90°-25% 的再结晶体积分数。

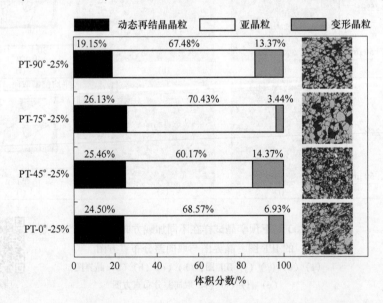

图 2-13 200 ℃下预孪晶试样在不同加载方向拉伸变形 25% 后的再结晶体积分数

显然，不论哪个试样，亚晶粒是构成组织的主要部分，其在 PT-0°-25%、PT-45°-25%、PT-75°-25% 和 PT-90°-25% 中分别占 68.57%、60.17%、70.43% 和

67.48%。根据划分依据，亚晶粒是指晶粒内部取向差小于 3°而晶间取向差大于 3°的晶粒。鉴于一般认为取向差大于 15°的界面是晶界[29]，所以亚晶粒可以被认为是晶粒内发生一定变形、具有一定取向差，但不足以形成新晶界的晶粒。同时，考虑到前文所提及不连续动态再结晶应当不发生在 200 ℃，可以认为 200 ℃下试样的动态再结晶类型以连续动态再结晶为主。由图 2-13 可知，加载方向对组织中各种晶粒体积分数影响不大，说明其对动态再结晶类型应该没有影响。动态再结晶晶粒体积分数可以反映试样中动态再结晶程度，由图 2-13 可见，PT-90°-25%（19.15%）中动态再结晶晶粒明显少于 PT-0°-25%（24.50%）和 PT-45°-25%（25.46%），前文提及 PT-90°-25% 中动态再结晶发生于变形后期，因此在相同应变量下（25%），PT-90°-25% 动态再结晶行为较弱。在 4 个试样中，PT-75°-25% 动态再结晶晶粒最多（26.13%），这似乎与先前所述动态再结晶在该试样中仅为辅助作用相悖。总之，从图 2-13 可以简单推测 200 ℃下 AZ31B 镁合金动态再结晶行为以连续动态再结晶为主。

图 2-14 给出了 250 ℃下 PT-0°-25%、PT-45°-25%、PT-75°-25% 和 PT-90°-25% 试样的 IPF 图、晶界图和取向差分布直方图。当 θ 为 0°和 45°时，试样的组织取向均以<11$\bar{2}$0>和<10$\bar{1}$0>为主（即绿色和蓝色），如图 2-14（a）和（d）所示，试样中以 {10$\bar{1}$2} 孪生取向为主，这很可能是因为动态再结晶行为继承了初始 {10$\bar{1}$2} 孪生取向并使该取向为主导地位。当 θ 为 75°和 90°时，试样的组织取向均以<0001>为主（即红色），如图 2-14（g）和（j）所示，试样以基面取向为主，与 0°和 45°主导取向相差近 90°，说明动态再结晶行为在这两个取向下并没有大量继承初始 {10$\bar{1}$2} 孪生取向而是促进了基面取向晶粒生长。显然，两类试样只有加载方向明显不同，对于 0°和 45°试样，加载方向不易激活去孪生；对于 75°和 90°试样，加载方向易激活去孪生。这说明 250 ℃下虽然不发生任何去孪生行为，但是加载方向对去孪生是否有利成为动态再结晶促进何种取向晶粒生长的影响因素，即当加载方向不利于去孪生时，动态再结晶促进 {10$\bar{1}$2} 孪生取向晶粒生长；当加载方向利于去孪生时，动态再结晶促进基面取向晶粒生长。同时，由图 2-14 中取向差分布图可以看出，0°~10°取向在不利于去孪生的取向下有较大占比（0°下为 48.8% 而 45°下为 50.8%），在利于去孪生的取向下占比较小（75°下为 45.0% 而 90°下为 41.1%）；相反，60°~90°取向在不利于去孪生的取向下有较小占比（0°下为 14.7% 而 45°下为 11.8%），在利于去孪生的取向下占比较大（75°下为 19.9% 而 90°下为 22.7%）。因此，当加载方向不利于去孪生时（0°和 45°），动态再结晶促进 {10$\bar{1}$2} 取向晶粒生长并增加小角度晶界；当加载方向利于去孪生时（75°和 90°），动态再结晶促进基面取向晶粒生长并增加大角度晶界。

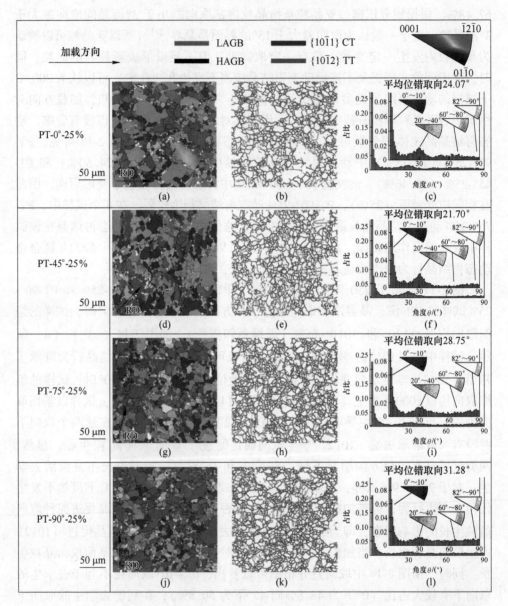

图 2-14　250 ℃下预孪晶试样在不同加载方向拉伸变形 25% 后的 IPF 图、晶界图与取向差分布直方图

彩图

由图 2-14 可知，在 250 ℃下，加载方向对试样的组织形貌及所开动变形机制没有影响，但其对动态再结晶行为有明显影响。为了进一步探明各加载方向下动态再结晶行为，图 2-15 给出了 250 ℃下 PT-0°-25%、PT-45°-25%、PT-75°-25% 和 PT-90°-25% 再结晶体积分数图。

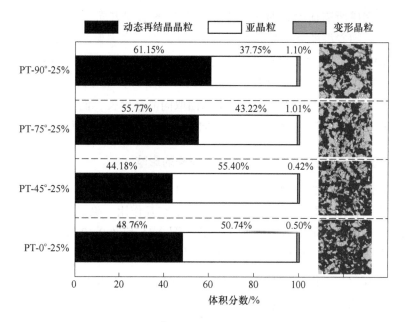

图 2-15 250 ℃下预孪晶试样在不同加载方向拉伸变形 25%后的再结晶体积分数

与 200 ℃下相比，250 ℃下各试样的动态再结晶晶粒占比明显更大，说明动态再结晶行为在较高变形温度下更完全更充分；相应地，亚晶粒占比缩减，说明 250 ℃下动态再结晶类型可能与 200 ℃下有所不同。从图 2-15 发现，加载方向对试样的动态再结晶晶粒占比有显著影响。对于加载方向有利于去孪生的试样（75°和 90°），动态再结晶晶粒较多，而对于加载方向不利于去孪生的试样（0°和 45°），动态再结晶晶粒较少。这说明动态再结晶促进不同取向晶粒生长时，所达到的动态再结晶完成程度不同，即对于以 $\{10\bar{1}2\}$ 拉伸孪生取向晶粒生长为主的动态再结晶行为（0°和 45°），其完成程度明显不如以基面取向晶粒生长为主的动态再结晶行为（75°和 90°）。因此，加载方向对试样的动态再结晶行为有显著影响，即动态再结晶程度在有利于去孪生的加载方向下更完全更充分。

总之，加载方向对温条件下预孪晶 AZ31B 镁合金薄板单轴拉伸时各变形机制有显著影响。随着拉伸温度升高（100 ℃和 150 ℃），可激活去孪生行为的加载方向逐渐无法启动去孪生（45°和 60°），而位错滑移因所需临界剪切应力降低而逐渐开动并代替去孪生主导地位。在这种温度下，θ 减小使得位错运动对拉伸应变贡献增加并逐渐主导变形。当达到能够形成动态再结晶晶粒的温度时（200 ℃），仅剩具有较高施密特因子的加载方向可激活去孪生（75°和 90°），并且动态再结晶可明显延缓去孪生。当 θ 为 90°时，去孪生在变形前期占主导地位，动态再结晶在 $\{10\bar{1}2\}$ 拉伸孪晶界消失后主导变形；当 θ 稍不利于去孪生（75°）时，去孪生和动态再结晶同时参与塑性变形，此时动态再结晶作为辅助机制协调变形并延长去孪生完成所需应变；对于不发生去孪生的加载方向（$\theta<75°$），动态再结晶主导变形。随着温度进一步升高（250 ℃），去孪生因剧烈动态再结晶行为破坏初始 $\{10\bar{1}2\}$ 拉伸孪晶界而无法激活，此时所有试样变形均由动态再结晶主导，并且试样中动态再结晶行为受加载方向影响显著。在对去孪生有利的加载方向下（75°和 90°），动态再结晶有助于基面取向晶粒生长，而 $\{10\bar{1}2\}$ 拉伸孪生取向晶粒在不利于激活去孪生的加载方向下（$\theta<75°$）明显长大。

2.4.3 加载方向对基面与 $\{10\bar{1}2\}$ 孪生织构的影响

2.4.2 节给出了加载方向对温条件下 AZ31B 镁合金单轴拉伸过程显微组织演变规律的影响，尤其是去孪生与动态再结晶的交互作用。除显微组织外，温条件下织构演化也可能受加载方向影响。为此，图 2-16 和图 2-17 分别给出了 200 ℃ 与 250 ℃ 下各试样的 $\{0001\}$ 极图及相应散点图。

在图 2-16（a）中，可见 PT-0°-25% 的极图由两部分构成，即 $\{10\bar{1}2\}$ 孪生织构与基面织构，并且其极密度中心位于 $\{10\bar{1}2\}$ 孪生取向，这与 PT 试样相似（见图 2-2（f）），说明 PT-0°-25% 以 $\{10\bar{1}2\}$ 拉伸孪生取向为主。同样的结果在 PT-45°-25% 中也有观察到，如图 2-16（b）所示，这些结果都是因为 0° 与 45° 加载方向下不发生去孪生。但是，PT-0°-25% 与 PT-45°-25% 的织构强度明显不同。对于 PT-0°-25%，其织构强度为 15.59，显然大于 PT 试样，说明试样拉伸过程中动态再结晶使 $\{10\bar{1}2\}$ 拉伸孪生取向增加；对于 PT-45°-25%，其织构强度为12.09，小于 PT 试样，表明其拉伸过程中动态再结晶使基面取向增加。PT-0°-25% 与 PT-45°-25% 织构强度所表现的差异说明加载方向对试样织构组分增长有明显影响，当 θ 为 0° 时，动态再结晶削弱基面织构；而当 θ 为 45° 时，动态再结晶增强基面织构。对于 PT-75°-25% 和 PT-90°-25%，由于去孪生主导了试样变形，其极图中只有基面织构组分，如图 2-16（c）和（d）所示。值得一提的是，在图 2-16（c）中 $\{0001\}$ 极图对应散点图中可观察到少许 $\{10\bar{1}2\}$ 孪生织构散点，这些散点对应图 2-12（g）中零星的残余 $\{10\bar{1}2\}$ 拉伸孪晶。虽然主要变形机制是去孪生，但 PT-75°-25% 和 PT-90°-25% 的织构强度均低于 AR 试样（19.81），这是因为试样发生了动态再结晶。Ma 等人[30]指出，动态再结晶可减弱镁合金板材织构强度，因此在 75° 和 90° 加载时，即使试样在去孪生作用下回到基面织构状态，但动态再结晶使织构强度降低，无法达到初始水平，这是室温下没有发生的（见图 2-5（d）和（e））；并且，PT-75°-25% 的织构强度（18.33）比 PT-90°-25% 的强（16.42），这是因为它们拉伸过程中动态再结晶参与程度不同。在 75° 加载下，动态再结晶仅起辅助作用，因而弱化效果较差；在 90° 加载下，动态再结晶在变形前期起辅助作用而在变形后期主导组织演化，因

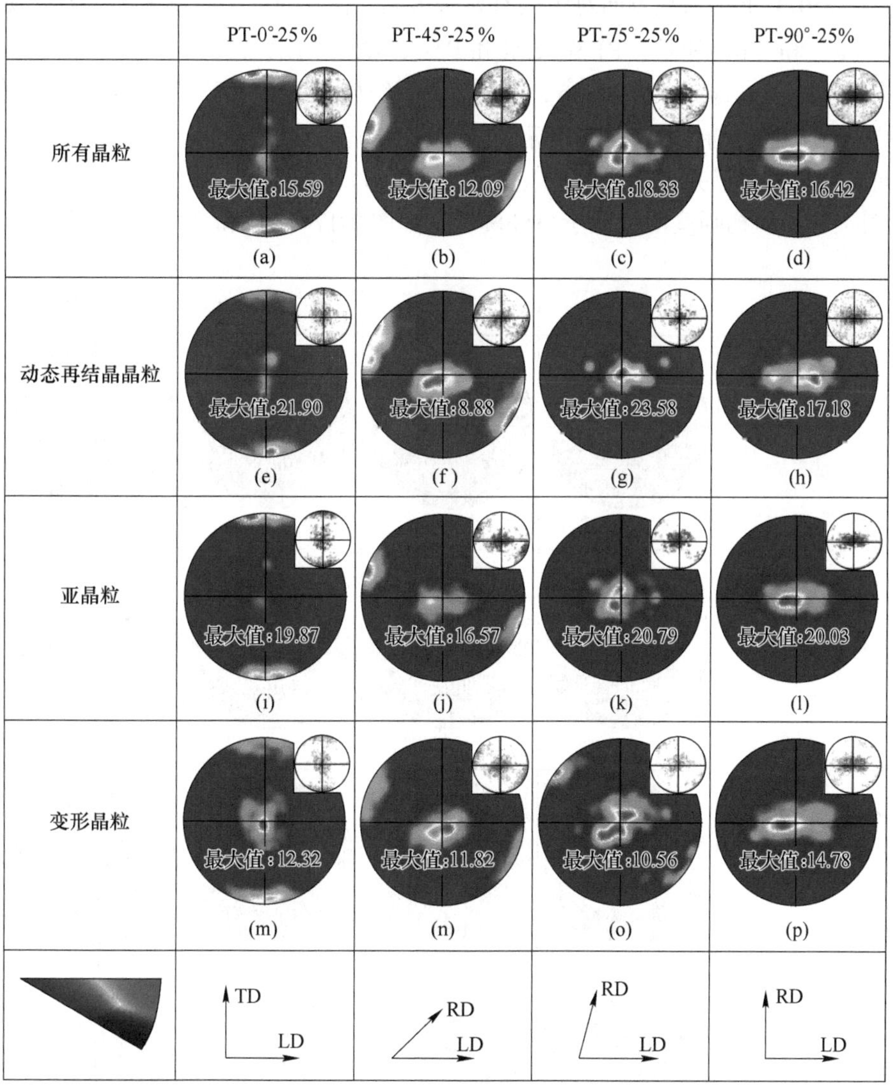

图 2-16 200 ℃下预孪晶试样在不同加载方向拉伸变形 25% 后的整体晶粒、
再结晶晶粒、亚晶粒和变形晶粒 {0001} 极图与相应散点图

而弱化效果较好。

图 2-16 说明在 200 ℃下，加载方向对预孪晶 AZ31B 镁合金薄板拉伸变形基面织构影响显著，其内在机理是动态再结晶在不同加载方向下表现不一。对于不发生去孪生的加载方向（0°和 45°），动态再结晶在 θ 为 0°时弱化基面织构而在 θ 为 45°时增强基面织构。对于去孪生明显开动的试样（75°和 90°），动态再结晶参与越多基面织构弱化越显著。

在 250 ℃下，加载方向对织构有显著影响，但与 200 ℃情况有所差异。如图 2-17 （a）和（b）所示，PT-0°-25%和 PT-45°-25%均以 $\{10\bar{1}2\}$ 孪生织构为主，织构强度分别为 24.26 和 26.36。显然，两者织构强度都大于 PT 试样，说明动态再结晶行为在 0°与 45°加载下均导致基面织构弱化，这是因为 $\{10\bar{1}2\}$ 拉伸孪生取向晶粒长大明显并占主导地位（见图 2-14 （a）和（d））。当加载方向为 75°和 90°时，样品织构强度明显低于另外两个，如图 2-17 （c）和（d）所示。

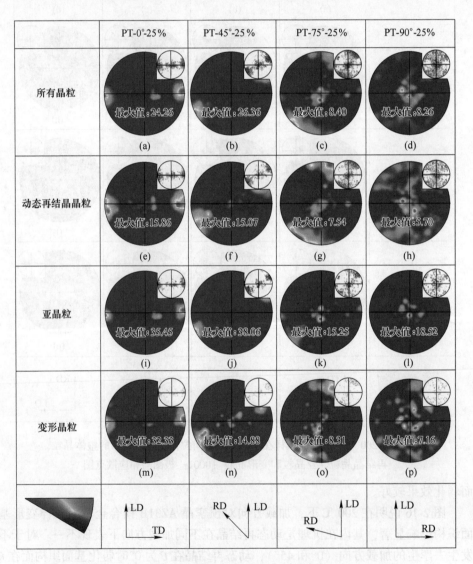

图 2-17 250 ℃下预孪晶试样在不同加载方向拉伸变形 25%后的整体晶粒、
再结晶晶粒、亚晶粒和变形晶粒 $\{0001\}$ 极图与相应散点图

PT-75°-25%和PT-90°-25%的极密度中心位于基面织构组分处，说明其基面织构主导织构类型，这与图2-14中关于组织主要取向描述相呼应。同为有利于去孪生的加载方向，PT-90°-25%的织构强度稍低且更发散，而PT-75°-25%中仍可观察到明显 $\{10\bar{1}2\}$ 孪生织构，表明基面取向晶粒在更有利于去孪生发生的加载方向下生长更剧烈。从两者对应动态再结晶晶粒织构和亚晶粒织构可以看出，75°加载下得到的动态再结晶晶粒以 $\{10\bar{1}2\}$ 孪生织构取向为主，但其亚晶粒以基面织构取向为主，这说明当晶粒已经形成动态再结晶晶粒后，具有 $\{10\bar{1}2\}$ 孪生取向的晶粒生长较快，而当晶粒仍处于亚晶粒阶段时，具有基面取向的晶粒生长较快。在90°加载下，不论是已形成动态再结晶晶粒还是仍处于亚晶粒状态，基面取向晶粒是最有利于生长的。较不利于去孪生的加载方向（0°和45°），预孪晶试样在有利于去孪生的加载方向下（75°和90°）得到的织构明显更发散，说明 $\{10\bar{1}2\}$ 孪生取向晶粒与基面取向晶粒的生长模式可能存在差异。此外，所有试样动态再结晶晶粒的织构强度低于整体晶粒而亚晶粒织构强度高于整体晶粒，这是因为亚晶粒中主要是晶内晶格畸变与小角度晶界等取向差较低的组织结构，因而取向较为集中，而动态再结晶晶粒中以大角度晶界为取向差主要构成要素，所以取向比较发散。

图2-17说明在250℃下，加载方向对预孪晶AZ31B镁合金薄板拉伸变形基面织构影响强烈。当加载方向为0°和45°时，$\{10\bar{1}2\}$ 孪生织构是主要织构；即使是在比较有利于去孪生的加载方向下（75°），$\{10\bar{1}2\}$ 孪生织构仍占一定比重；基面织构只在最有利于去孪生的加载方向下（90°）才占主导地位，并且在有利于去孪生的加载方向下，试样织构更发散、更弱。

2.4.4 去孪生与动态再结晶竞争关系及动态再结晶类型转变

2.4.3节明确了加载方向对温条件下预孪晶AZ31B镁合金薄板单轴拉伸行为具有显著影响，其内在机理是不同加载方向下激活或有利于激活的变形机制不同，特别是去孪生与动态再结晶。但是，对于去孪生与动态再结晶交互作用及加载方向对其影响仍需进一步讨论。为此，需要对200℃下EBSD试样进行进一步细致分析。

图2-18和图2-19给出了200℃下图2-12中白色虚线框内特定晶粒详细信息，其中，区域R1和R2属于PT-45°-25%，区域R3和R4属于PT-75°-25%。2.4.2节提及，在动态再结晶主导变形试样中（PT-0°-25%和PT-45°-25%），有部分片层形貌不能被识别为 $\{10\bar{1}2\}$ 拉伸孪晶界。如图2-18（a）所示，区域R1中片层状晶粒间取向差小于80°；同时，图2-18（b）表明这些晶粒间共用晶向同属<11$\bar{2}$0>晶向族。众所周知[31]，$\{10\bar{1}2\}$ 拉伸孪晶与其母体所成取向差角

约为 86.3°，同时它们共用晶向为 <11$\bar{2}$0>，可简单理解为在 {10$\bar{1}$2} 拉伸孪生关系中，孪晶是绕其母体 <11$\bar{2}$0> 旋转 86.3° 所得。因此，图 2-18（a）中所观察到的晶界关系极有可能是初始 {10$\bar{1}$2} 拉伸孪晶界在动态再结晶影响下保持了初始共用晶向、取向差角减小所得。此过程中，孪晶或母体绕另一方旋转了一定角度，这可能是因为动态再结晶过程中产生的位错运动所致，相似现象曾被学者报道[32-33]。一般而言[34-35]，判定 {10$\bar{1}$2} 拉伸孪晶时需要考虑误差，即取向差角误差应在 5° 以内，故区域 R1 中晶粒 T1 与 P1、P1 与 T2、T2 与 P2、P2 与 T3 间的关系不能被认定为 {10$\bar{1}$2} 拉伸孪生关系，这解释了图 2-12 中 PT-0°-25% 和 PT-45°-25% 部分片层状晶粒不能被识别为 {10$\bar{1}$2} 拉伸孪晶。进一步地，图 2-18（c）给出了区域 R1 各晶粒三维晶体取向关系示意图，可以看出其关系与 {10$\bar{1}$2} 拉伸孪晶非常相像。此外，通过图 2-18（d）可知晶粒 T1~T3 应为孪晶晶粒而晶粒 P1 和 P2 应为母体晶粒。图 2-18（b）中点至原点折线有 7.6° 和 5.5° 取向差值，它们分别是晶粒 T2 与 T1、T3 与 T1 的取向差，这些轻微的取向差说明动态再结晶对 {10$\bar{1}$2} 拉伸孪生关系造成了显著影响，并且在图 2-18（a）中可观察到明显小角度晶界。将区域 R1 中所观察的 {10$\bar{1}$2} 孪生组织称为第一类 {10$\bar{1}$2} 孪生行为（简称"Ⅰ类孪生行为"），即取向差角偏离完美 {10$\bar{1}$2} 拉伸孪生关系且晶粒内有明显小角度晶界。

　　除区域 R1 中发现的 Ⅰ 类孪生行为外，在区域 R2 中发现了另一种 {10$\bar{1}$2} 孪生组织，将其称为第二类 {10$\bar{1}$2} 孪生行为（简称"Ⅱ类孪生行为"），如图 2-18（e）~（h）所示。显然，在 Ⅱ 类孪生行为中，晶界取向差非常接近 86.3°，取向差轴同属 <11$\bar{2}$0>，说明该类孪生行为很好地保留了 {10$\bar{1}$2} 拉伸孪生关系。然而，在图 2-18（e）中晶粒内部有明显小角度晶界，且图 2-18（f）中点至原点折线反映晶粒 P2 与 P1、P3 与 P1 有轻微取向差（分别为 7.1° 和 6.2°），说明动态再结晶明显发生。这说明动态再结晶行为对初始 {10$\bar{1}$2} 拉伸孪晶影响并不如 Ⅰ 类孪生行为，但随着应变量增加，此类孪生行为可能演化至 Ⅰ 类孪生行为。

　　在区域 R3 中，可以观察到第三种 {10$\bar{1}$2} 拉伸孪生组织，称其为第三类 {10$\bar{1}$2} 孪生行为（简称"Ⅲ类孪生行为"），如图 2-18（i）~（l）所示。由图 2-18（i）和（j）可见各晶粒内部鲜有小角度晶界，相邻晶粒间取向关系满足 {10$\bar{1}$2} 拉伸孪生关系，说明 Ⅲ 类孪生行为基本不受动态再结晶行为影响；并且，母体晶粒 P 体积明显大于孪晶晶粒 T1 与 T2，与 PT 试样所示相反，表明区域 R3 中晶粒状态应为去孪生所得。因此，Ⅲ 类孪生行为本质上是去孪生行为，相似组织在 PT-75°-25% 中大量发现而在 PT-0°-25% 和 PT-45°-25% 中较少，说明去孪生在 75° 加载下是主要变形机制而在 0° 和 45° 加载下受动态再结晶影响成为

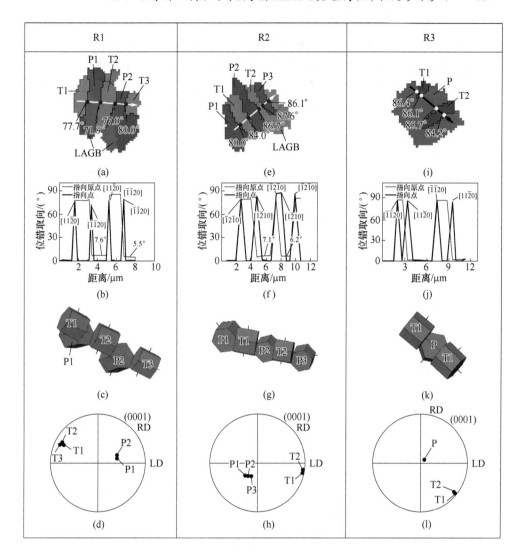

图 2-18 图 2-12 中区域 R1~R3 对应的 IPF 图、取向差折线图、
三维晶体关系示意图和（0001）散点极图

(a)（e）（i）IPF 图；（b）（f）（j）取向差折线图；（c）（g）（k）三维晶体
关系示意；（d）（h）（l）（0001）散点极图

次要变形机制。

此外，在 PT-75°-25%中发现了特殊孪生行为，如图 2-19 所示区域 R4。首先，母体晶粒和孪晶晶粒内部均有明显小角度晶界，说明动态再结晶有所参与；其次，母体与孪晶间取向差有符合Ⅰ类孪生行为（P2 与 T2，80.9°），也有符合Ⅱ类孪生行为（P2 与 T3，88.9°）；并且，在孪晶晶粒内观察到 14.1°小角度晶

界，该值与大角度晶界非常接近，意味着动态再结晶在区域 R4 中所造成位错塞积现象几乎要形成新晶粒。这可能是预置初始 {10$\bar{1}$2} 拉伸孪晶过程中，该处储存变形能较多，导致温变形时动态再结晶较剧烈。区域 R4 中所观察孪生行为在 PT-75°-25% 中并不常见，说明动态再结晶行为仅是辅助作用，但是该孪生行为又表明动态再结晶在 75° 加载下延缓去孪生可能是通过 Ⅰ 类与 Ⅱ 类孪生行为实现。

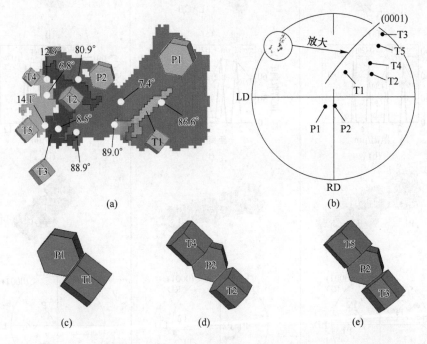

图 2-19　图 2-13 中区域 R4 对应 IPF 图、(0001) 散点极图和三维晶体关系示意图

(a) IPF 图；(b) (0001) 散点极图；(c)~(e) 三维晶体图

预孪晶 AZ31B 镁合金在 200 ℃下单轴拉伸过程中出现了三种 {10$\bar{1}$2} 孪生行为，区分它们的重要依据是 {10$\bar{1}$2} 孪生关系完整性与小角度晶界，产生这三类孪生行为的根本原因是动态再结晶参与变形并或多或少影响了初始 {10$\bar{1}$2} 拉伸孪晶。实质上，Ⅲ类、Ⅱ类和Ⅰ类孪生行为是动态再结晶影响程度越来越大的体现，即随着动态再结晶影响程度加深，{10$\bar{1}$2} 孪生行为将按照Ⅲ类→Ⅱ类→Ⅰ类顺序逐渐演化。决定动态再结晶影响程度的是施加的加载方向，当加载方向对去孪生不利时（0°和 45°），去孪生无法启动，动态再结晶对 {10$\bar{1}$2} 拉伸孪晶影响较大甚至破坏了初始孪晶界，因而出现Ⅰ类或Ⅱ类孪生行为；反之，由于初始孪晶界遭到破坏，在室温下能开动去孪生的加载方向（45°）无法在 200 ℃下启动去孪生，当加载方向有利于去孪生时（75°和 90°），去孪生大量开动，动态再

结晶影响较小而无法破坏初始 $\{10\bar{1}2\}$ 拉伸孪晶界，因而以Ⅲ类孪生行为为主。因此，在室温下能开动去孪生的加载方向（75°和90°）仍能在200 ℃下启动去孪生。

总之，预孪晶 AZ31B 镁合金薄板在 200 ℃下单轴拉伸过程中发生动态再结晶类型不受加载方向影响。但是，温度变化对动态再结晶类型影响显著，200 ℃下，试样动态再结晶类型为连续动态再结晶，而 250 ℃下试样同时发生连续动态再结晶与不连续动态再结晶。

参 考 文 献

[1] WU W, WANG L, HUANG G, et al. Effect of multi-pass continuous screw twist extrusion process on microstructure evolution, texture, and mechanical properties of AZ31 magnesium alloy [J]. Materials Today Communications, 2023, 34: 105508.

[2] 张华. AZ31B 镁合金薄板组织调控及其冲压成形性能的研究 [D]. 重庆: 重庆大学, 2013.

[3] XIN Y, WANG M, ZENG Z, et al. Strengthening and toughening of magnesium alloy by $\{10\bar{1}2\}$ extension twins [J]. Scripta Materialia, 2012, 66 (1): 25-28.

[4] SONG B, XIN R, CHEN G, et al. Improving tensile and compressive properties of magnesium alloy plates by pre-cold rolling [J]. Scripta Materialia, 2012, 66 (12): 1061-1064.

[5] SONG B, XIN R, SUN L, et al. Enhancing the strength of rolled ZK60 alloys via the combined use of twinning deformation and aging treatment [J]. Materials Science and Engineering A, 2013, 582: 68-75.

[6] ZHANG H, YAN Y, FAN J, et al. Improved mechanical properties of AZ31 magnesium alloy plates by pre-rolling followed by warm compression [J]. Materials Science and Engineering A, 2014, 618: 540-545.

[7] JIANG M G, YAN H, CHEN R S. Twinning, recrystallization and texture developmentduring multi-directional impact forging in an AZ61 Mg alloy [J]. Journal of Alloys and Compounds, 2015, 650: 399-409.

[8] LIU K, DONG X, XIE H. Microstructure evolution of AZ31B magnesium alloy sheets deformed in different deformation directions [J]. Materials Science and Engineering A, 2016, 670: 217-226.

[9] AZEEM M A, TEWARI A, MISHRA S, et al. Development of novel grain morphology during hot extrusion of magnesium AZ21 alloy [J]. Acta Materialia, 2010, 58 (5): 1495-1502.

[10] SONG S, WANG Y, WANG Y, et al. The effect of tension twin on the dynamic recrystallization behavior in polycrystal magnesium by atomistic simulation [J]. Applied Physics A, 2020, 126 (1): 65.

[11] LIU P, XIN Y C, LIU Q. Plastic anisotropy and fracture behavior of AZ31 magnesium alloy [J]. Transactions of Nonferrous Metals Society of China, 2011, 21 (4): 880-884.

[12] ULACIA I, DUDAMELL N V, GÁLVEZ F, et al. Mechanical behavior and microstructural evolution of a Mg AZ31 sheet at dynamic strain rates [J]. Acta Materialia, 2010, 58 (8): 2988-2998.

[13] SONG B, XIN R, GUO N, et al. Influence of basal slip activity in twin lamellae on mechanical behavior of Mg alloys [J]. Materials Letters, 2016, 176: 147-150.

[14] YU H, XIN Y, ZHOU H, et al. Detwinning behavior of Mg-3Al-1Zn alloy at elevated temperatures [J]. Materials Science and Engineering A, 2014, 617: 24-30.

[15] CUI Y, LI Y, WANG Z, et al. Regulating twin boundary mobility by annealing in magnesium and its alloys [J]. International Journal of Plasticity, 2017, 99: 1-18.

[16] CUI Y, LI Y, WANG Z, et al. Impact of solute elements on detwinning in magnesium and its alloys [J]. International Journal of Plasticity, 2017, 91: 134-159.

[17] HAMA T, TANAKA Y, URATANI M, et al. Deformation behavior upon two-step loading in a magnesium alloy sheet [J]. International Journal of Plasticity, 2016, 82: 283-304.

[18] 张校烽, 李英龙. 等通道转角挤压对 ZM61 镁合金组织与性能的影响 [J]. 材料与冶金学报, 2022, 21 (6): 428-434, 441.

[19] 唐伟能, 刘世杰. GWZ721 镁合金型材挤压过程组织演变机制 [J]. 有色金属材料与工程, 2022, 43 (5): 13-21.

[20] 宋广胜, 徐德斌, 徐勇, 等. 镁合金变形机理研究中的 Schmid 因子计算及应用 [J]. 中国有色金属学报, 2022, 32 (12): 3661-3672.

[21] 宋波. 沉淀相与孪晶强化镁合金塑性变形行为及各向异性研究 [D]. 重庆: 重庆大学, 2013.

[22] YU H, LI C, XIN Y, et al. The mechanism for the high dependence of the Hall-Petch slope for twinning/slip on texture in Mg alloys [J]. Acta Materialia, 2017, 128: 313-326.

[23] BARNETT M R, Twinning and the ductility of magnesium alloys: Part I: "Tension" twins [J]. Materials Science and Engineering A, 2007, 464 (1): 1-7.

[24] 刘筱, 胡铭月, 谢超, 等. 中温高速冲击下预孪晶 AZ31 镁合金的变形机理及力学行为 [J]. 中国有色金属学报, 2022, 32 (6): 1641-1654.

[25] ZHOU B, WANG L, WANG J, et al. Dislocation behavior in a polycrystalline Mg-Y alloy using multi-scale characterization and VPSC simulation [J]. Journal of Materials Science & Technology, 2022, 98: 87-98.

[26] LI L, ZHANG X. Hot compression deformation behavior and processing parameters of a cast Mg-Gd-Y-Zr alloy [J]. Materials Science and Engineering A, 2011, 528 (3): 1396-1401.

[27] XIA X, ZHANG K, LI X, et al. Microstructure and texture of coarse-grained Mg-Gd-Y-Nd-Zr alloy after hot compression [J]. Materials & Design, 2013, 44: 521-527.

[28] SHEN J, ZHANG L, HU L, et al. Effect ofsubgrain and the associated DRX behaviour on the texture modification of Mg-6.63Zn-0.56Zr alloy during hot tensile deformation [J]. Materials Science and Engineering A, 2021, 823: 141745.

[29] QIN D H, WANG M J, SUN C Y, et al. Interaction between texture evolution and dynamic recrystallization of extruded AZ80 magnesium alloy during hot deformation [J]. Materials Science and Engineering A, 2020, 788: 139537.

[30] MA Q, LI B, WHITTINGTON W R, et al. Texture evolution during dynamic recrystallization in a magnesium alloy at 450 ℃ [J]. Acta Materialia, 2014, 67: 102-95.

［31］ DENG J F, TIAN J CHANG Y, et al. The role of $\{10\bar{1}2\}$ tensile twinning in plastic deformation and fracture prevention of magnesium alloys ［J］. Materials Science and Engineering A, 2022, 853: 143678.

［32］ LV B J, WANG S, GAO F H, et al. $\{10\bar{1}2\}$ twin-twin intersection-induced lattice rotation and dynamic recrystallization in Mg-6Al-3Sn-2Zn alloy ［J］. Journal of Magnesium and Alloys, 2024, 12 (4): 1529-1539.

［33］ SHI X, LUO A A, SUTTON S C, et al. Twinning behavior and lattice rotation in a Mg-Gd-Y-Zr alloy under ballistic impact ［J］. Journal of Alloys and Compounds, 2015, 650: 622-632.

［34］ NIKNEJAD S, ESMAEILI S, ZHOU N Y. The role of double twinning on transgranular fracture in magnesium AZ61 in a localized stress field ［J］. Acta Materialia, 2016, 102: 1-16.

［35］ JIANG M G, XU C, YAN H, et al. Unveiling the formation of basal texture variations based on twinning and dynamic recrystallization in AZ31 magnesium alloy during extrusion ［J］. Acta Materialia, 2018, 157: 53-71.

3 预孪晶诱导晶粒偏转调控 AZ31 镁合金薄板组织演变和性能

3.1 概 述

目前，镁合金中通过预压缩引入孪晶已有许多学者进行了研究。预应变过程中引入的大量孪晶和滑移位错会显著影响材料变形行为，Xin 等人[1] 在对 AZ31 镁合金进行轧制时发现，沿板材 TD 方向预压缩会产生大量的拉伸孪晶，明显地改变了基面织构，提高了板材随后道次的轧制能力。宋广胜等人[2] 对 AZ31 镁合金轧制板材进行轧向（RD）、横向（TD）、轧向和横向的变路径压缩实验，观察晶粒取向变化，分析孪生机制的启动与否，从而研究材料的力学性能，发现在变路径压缩过程中，各路径压缩过程依次对应拉伸孪晶、二次孪晶、解孪晶和拉伸孪晶的微观变形机制，首次变形所产生的预应变提高后续变形中孪晶形核启动力，使后续变形过程的屈服强度大幅增加。孪生作为镁合金重要变形机制之一，对镁合金静态再结晶具有重要作用。丁雪征等人[3] 对 AZ31 铸态镁合金室温下进行压缩变形引入不同变形量孪晶，随后对预压 8% 试样在 200 ℃（低于再结晶温度）和 300 ℃（高于再结晶温度）下进行不同时间退火，发现在 200 ℃下退火时间从 5 min、20 min 至最后的 1 h，孪晶界才出现再结晶形核现象，但在退火 1 h 时，仍然可以看到大量未发生再结晶的晶粒。在 300 ℃下退火 5 min 后，孪晶界处即有大量无畸变的新晶粒产生，随退火时间延长，晶粒开始长大，组织逐渐趋于均匀化，因此可得出退火温度的提高可显著缩短再结晶的时间。张诗昌等人[4] 对挤压态 AZ31 镁合金沿挤压方向进行应变量为 0.086 的预压缩变形，随后在 300 ℃下进行 0.5 h 退火处理，发现预变形使（0002）基面发生了近 90°的转动，由平行挤压方向变为与挤压方向垂直，且产生了大量孪晶组织。退火处理不改变（0002）基面织构，但消除了孪晶且出现了细小再结晶晶粒，因而提高了镁合金的塑性。本章以轧制态 AZ31 镁合金板材为研究对象，分别进行沿 TD 和 RD 两个变形路径不同程度的预压缩试验，研究材料微观组织演变及力学性能的变化；同时，对原始试样进行沿 TD 方向预压 5.20% 试验，通过材料微观组织演变及力学性能的变化研究孪晶对镁合金静态再结晶的影响。

3.2 TD方向预孪晶对AZ31镁合金板材显微组织和成型性能的影响

3.2.1 实验材料与方法

实验采用1 mm厚商用AZ31（Mg-3Al-1Zn）轧制镁合金薄板。首先取用Q11-3×1200剪板机切割成的50 mm×50 mm方形试样，初步打磨后在DNS200电子万能试验机上采用特制模具对试样沿横向（TD）预压缩1.59%、3.32%和5.38%，压头速度设置为1 mm/min，随后在200 ℃温度下进行6 h的去应力热处理。完成上述预压步骤，分别取不同预压程度的试样进行金相研磨，采用Leica DM2700金相显微镜观察材料变形前后的显微组织。

然后对部分热处理试样采用冲头球径为（20±0.05）mm、垫模孔径为（33±0.1）mm、数显分辨率0.01 mm的数显自动杯突试验机进行杯突实验，测其冲压成型性能；另一部分热处理试样制备0°（RD）、45°、90°（TD）三个方向的拉伸试样。在室温下用DNS200电子万能试验机对试样进行单向拉伸实验，拉伸速率设置为1 mm/min，以机油进行润滑，采用特制的夹具夹持，得到一些力学性能指标。所有制备的试样均重复3次，实验结果求取平均值，确保数据真实准确。

对于沿轧向（RD）预压缩1.59%、3.32%和5.38%的试样，采用的实验方法同上。

3.2.2 显微组织演变

图3-1为沿TD预压缩并在200 ℃退火6 h的AZ31镁合金的显微组织图和（0002）极图。从图3-1（a）可以看出，原始组织为均匀分布的等轴晶粒，晶粒尺寸为11.02 μm，且无孪晶的痕迹。然而，当压缩变形量为1.59%时，开始产生透镜状的孪晶，这是在光学显微镜下 $\{10\bar{1}2\}$ 拉伸孪晶的典型特征。当压缩变形量为3.32%时，金相组织中已经有大量的孪晶，孪晶的密度明显比预压1.59%时多了很多。随着沿横向预压缩程度从1.59%、3.32%到5.38%，孪晶出现且孪晶体积分数逐渐增加。众所周知，当沿轧向或横向（垂直于晶粒c轴）施加压缩载荷时，$\{10\bar{1}2\}$ 拉伸孪晶才会产生，并且孪晶片层有切割并细化晶粒的功能，因此孪晶的出现可能会提升材料的力学性能[5-6]。图3-1展示了不同预压程度试样的（0002）极图，原始试样表现出典型的基面织构，其强度为9.4。当对试样沿横向预压时，晶粒取向由ND向TD转动，且 $\{10\bar{1}2\}$ 拉伸孪晶旋转约86.3°，是以诱导出孪晶为主，如图3-1（b）~（d）所示。此外，随着预压程度的

增加，（0002）基面织构强度下降。从显微组织中可以看出，随预压程度的增加，拉伸孪晶体积分数的增加会导致更多的晶粒取向改变，同时基面织构强度降低。基面织构的弱化有利于基面滑移开动，从而增强镁合金的塑性。

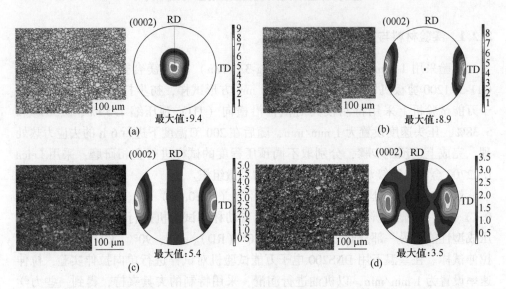

图 3-1　沿 TD 预压缩并在 200 ℃ 退火 6 h 的 AZ31 镁合金的显微组织和（0002）极图
(a) 原始组织；(b) 预压 1.59%；(c) 预压 3.32%；(d) 预压 5.38%

3.2.3　力学性能演变

图 3-2 为沿横向分别预压缩 1.59%、3.32%、5.38% 后，在温度 200 ℃ 下退火 6 h 的试样沿三个方向拉伸真实应力应变变化曲线。图 3-3 显示了沿横向不同预压量 AZ31 镁合金板的屈服强度（YS）、极限抗拉强度（UTS）、断裂伸长率（FE）等力学性能在三个方向拉伸的变化。可以看出，原始试样的流变应力最低，并且随着预压程度的增大，试样的流变应力增大。相比原始试样，板材预压程度越大，屈服强度和极限抗拉强度提高得越明显，这种现象可以归因于孪晶片层诱导晶粒产生细化，预压程度越大，$\{10\bar{1}2\}$ 孪晶体积分数越大，晶粒更加细小。根据霍尔-佩奇关系可得，屈服强度也同时得以增加。然而，在部分预压试样中，屈服强度的变化不稳定，这可能同时受晶粒细化和织构弱化的影响。例如，预压 1.59% 后，基面织构强度略微减小，产生取向软化效应，然而细晶有强化效应，若强化效应强于取向软化效应，就会导致屈服强度的提高。随预应变程度增加，基面织构更加弱化，同时 45° 拉伸方向上基面滑移的施密特因子增加。相比晶粒细化，取向软化效应发挥更加重要的作用。因此，在预压 3.32% 和5.38% 的试样中，屈服强度减小。当沿横向单向拉伸实验时，在预压缩镁板屈服

阶段出现了特有的平台，这种现象可能是因为在屈服变形时出现了新的变形机制——去孪生行为。Wang 等人[6]报道称，在预压缩镁合金中施加反向拉伸载荷时去孪生行为将会发生。去孪生是一种与孪生变形相似的变形机制，但去孪生需要的临界剪切应力更小。沿横向单向拉伸期间，由 $\{10\bar{1}2\}$ 孪晶诱导的横向-旋转取向是一种软化取向。而去孪生晶粒由 TD 向 ND 旋转，这是一种硬取向。因此，在屈服阶段，相比去孪生行为，或许晶粒细化起了更加重要的作用，在预压3.32%的镁板中，屈服强度增加得更多。关于断裂伸长率的变化也类似，取决于 $\{10\bar{1}2\}$ 孪晶诱导的细晶强化和取向软化效应之间的平衡。

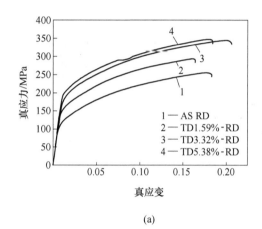

(a)

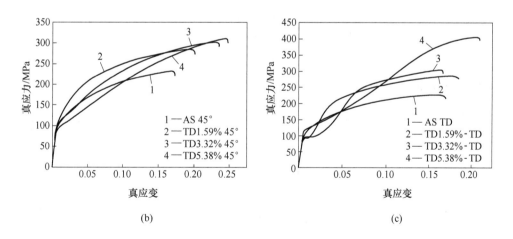

(b)　　　　　　　　　　　　(c)

图 3-2　沿 TD 预压不同变形量并在 200 ℃退火 6 h 的 AZ31 镁合金板
在三个方向拉伸的真实应力应变曲线

(a) 轧向（0°）；(b) 45°；(c) 横向（90°）

(AS：原始试样)

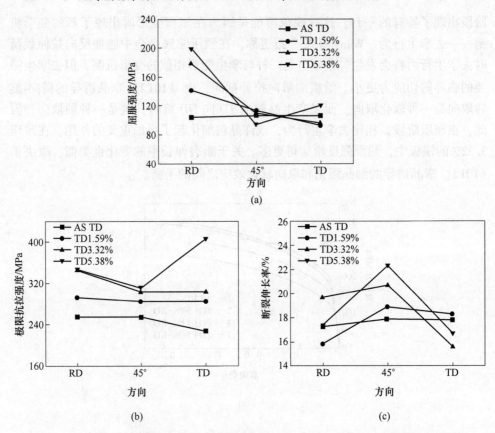

图 3-3　沿 TD 不同预压量的 AZ31 镁合金板在三个方向上拉伸的力学性能变化曲线

(a) 屈服强度；(b) 极限抗拉强度；(c) 断裂伸长率

(AS：原始试样)

3.2.4　平面冲压成型性能演变

表 3-1 总结了应变硬化指数 n 值和塑性应变比 r 值的变化，平均 n 值和平均 r 值的计算公式如下：

$$\overline{r} = \frac{1}{4}(r_{RD} + 2r_{45°} + r_{TD}) \tag{3-1}$$

$$\overline{n} = \frac{1}{4}(n_{RD} + 2n_{45°} + n_{TD}) \tag{3-2}$$

表 3-1　沿 TD 预压不同变形量 AZ31 镁合金板在三个方向拉伸的 n 值和 r 值

试　　样	n			$\overline{n}$	r			$\overline{r}$
	RD	45°	TD		RD	45°	TD	
原始	0.437	0.425	0.388	0.418	0.811	0.935	1.080	0.940

试　样	n			$\overline{n}$	r			$\overline{r}$
	RD	45°	TD		RD	45°	TD	
预压 1.59%	0.441	0.432	0.373	0.420	0.773	0.913	0.928	0.882
预压 3.32%	0.461	0.422	0.391	0.424	0.623	0.851	0.870	0.799
预压 5.38%	0.484	0.424	0.399	0.433	0.590	0.836	0.852	0.778

沿横向随预压程度的增加，r 值显著减小。众所周知，柱面滑移主导宽度方向变形，在室温下厚度方向上锥面滑移很难开动，因此材料成型性差。当沿横向施加变形时，晶粒将会旋转，导致基面滑移的施密特因子增加，因此最终 r 值降低，不同试样的 n 值会随预压程度的增加而增加。随应变程度增加，孪晶体积分数增加，基面织构弱化，因此晶粒协调变形的能力提高。

图 3-4 显示了沿横向不同预压程度试样的杯突值，原始试样、预压 1.59%，3.32%和 5.38%试样的杯突值分别为 2.83 mm、4.0 mm、5.16 mm 和 5.36 mm。与原始试样相比，它们的杯突值分别增加了 41.34%、82.33%和 89.40%。从以上数据可得：随应变水平的增加，杯突值增加。由于比较强的（0002）基面织构，原始试样的杯突值只有 2.83 mm，但是预压试样随预压程度的增加杯突值显著增加，这可归因于晶粒旋转而产生的织构弱化。相比伸长率，拉伸成型性对 n 值和 r 值更加敏感。Huang 等人[7-9]发现较小的 r 值和较大的 n 值可能提高薄板的成型性能。随应变程度增加，基面织构弱化，这就导致了一个较小的 r 值和较大的 n 值。因此能得出结论，AZ31 镁合金板较强的拉伸成型性能主要是由于（0002）基面织构强度的减小，以及降低的 r 值和增加的 n 值。

图 3-4　沿 TD 预压不同变形量 AZ31 镁合金板的 IE 值
(a) 原始试样；(b) 预压 1.59%；(c) 预压 3.32%；(d) 预压 5.38%

3.3　RD 方向预孪晶对 AZ31 镁合金板材显微组织和成型性能的影响

3.3.1　显微组织演变

图 3-5 为沿轧向预压缩并在 200 ℃ 退火 6 h AZ31 镁合金在 200 倍下的显微组织图，可以看出其与沿横向预压不同变形量的试样有相似金相显微特征。原始

组织是由许多均匀等轴晶粒组成且无孪晶迹象。然而，当预压 1.59%时，开始出现透镜状态的孪晶，但孪晶的分布还比较稀疏；预压 3.32%时，孪晶分布变得明显密实；而预压 5.38%时，整个金相组织中都分布有密密麻麻的孪晶。因此随应变水平增加，孪晶出现且体积分数随之增多。{10$\bar{1}$2} 拉伸孪晶的出现切割并细化晶粒，同时基面织构降低，因此材料的某些力学性能得以提升，镁合金的塑性得以改善[10-12]。

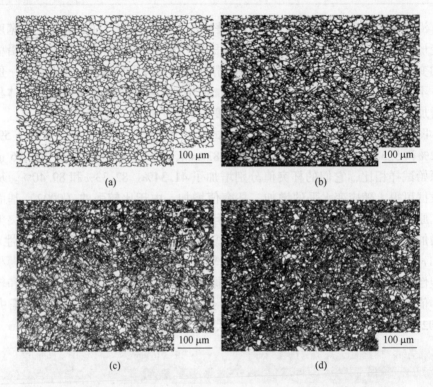

图 3-5　沿 RD 预压缩并在 200 ℃ 退火 6 h 的 AZ31 镁合金的显微组织图

(a) 原始试样（AS）；(b) 预压 1.59%；(c) 预压 3.32%；(d) 预压 5.38%

3.3.2　力学性能演变

图 3-6 描绘了沿轧向分别预压缩 1.59%、3.32%、5.38%后，在 200 ℃温度下退火 6 h 的试样沿三个方向拉伸的应力变化曲线，图 3-7 显示了沿轧向不同预压量 AZ31 镁合金板的屈服强度（YS）、极限抗拉强度（UTS）、断裂伸长率（FE）等力学性能在三个拉伸方向上的变化，发现图 3-6 与图 3-3 的曲线有相同的变化趋势。随应变水平的增加，由孪晶诱导的晶粒细化越发明显。孪晶越多，晶粒协调变形能力越强，再加上（0002）基面织构的弱化，极大地提高了材料的塑性[13-15]。

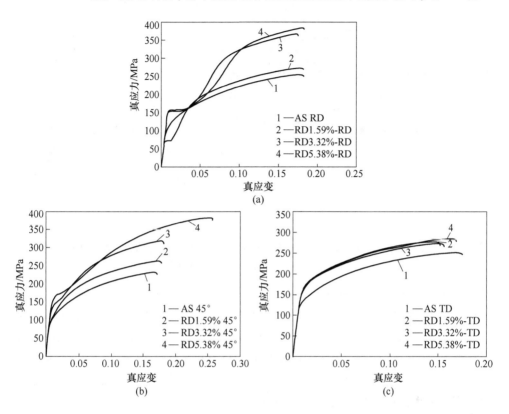

图 3-6 沿 RD 预压不同变形量并在 200 ℃退火 6 h 的 AZ31 镁合金板

在三个方向拉伸的真实应力应变曲线

（a）轧向（0°）；（b）45°；（c）横向（90°）

（AS：原始试样）

图 3-7 显示了沿轧向分别预压不同变形量镁合金板材的力学性能变化。可以

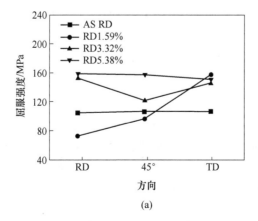

（a）

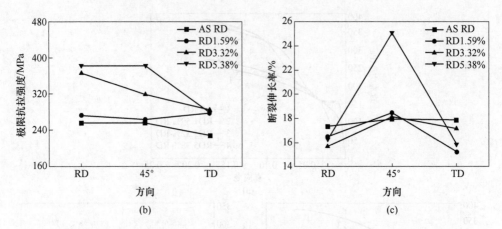

图 3-7　沿轧向不同预压量的 AZ31 镁合金板在三个方向上拉伸的力学性能变化曲线
(a) 屈服强度；(b) 极限抗拉强度；(c) 断裂伸长率

看出，相比原始试样，预压缩试样的屈服强度（YS）和极限抗拉强度（UTS）都获得了不同程度增加。具体来说，预压 5.38%试样三个方向拉伸（RD、45°和 TD）的屈服强度分别增加约 37.32%、52.86%和 25.41%，预压 5.38%试样的极限抗拉强度在三个方向上（RD，45°和 TD）分别增加约 41.32%、42.44%和 11.25%，随应变水平的增加，断裂伸长率（FE）也得到不同程度的提高，这些变化都与沿横向压缩试样的变化趋势一致。

3.3.3　平面冲压成型性能演变

表 3-2 总结了沿轧向预压试样的应变硬化指数 n 值和塑性应变比 r 值的变化，平均 n 值和平均 r 值的计算同表 3-1。预压 5.38%试样的平均值 r 与原始试样相比减少了 34.57%，几乎所有试样的 n 值都随应变水平的增加而增加。预压 5.38%试样的平均 n 值与原始试样相比增加了 2.15%，沿轧向预压的 n 值和 r 值的变化与沿横向预压试样的变化一致。

表 3-2　沿 RD 预压不同变形量 AZ31 镁合金板在三个方向拉伸的 n 值和 r 值

试　样	n			$\overline{n}$	r			$\overline{r}$
	RD	45°	TD		RD	45°	TD	
原始	0.437	0.425	0.388	0.418	0.811	0.935	1.080	0.940
预压 1.59%	0.439	0.432	0.363	0.424	0.565	0.899	1.046	0.852
预压 3.32%	0.453	0.430	0.392	0.426	0.367	0.782	0.819	0.688
预压 5.38%	0.464	0.437	0.373	0.427	0.242	0.732	0.754	0.615

图 3-8 显示了沿轧向不同预压程度试样的杯突值，原始试样、预压 1.59%、

3.32%和 5.38%试样的杯突值分别为 2.83 mm、4.18 mm、5.53 mm 和 6.78 mm，相比原始试样分别增加了约 47.70%、95.41%和 139.58%。因此可得出结论：随预压程度的增加，试样的杯突值增加，这一结果与沿横向预压的试样规律相一致。

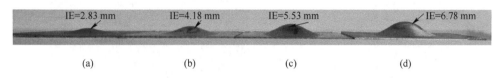

图 3-8　沿 RD 预压不同变形量 AZ31 镁合金板的 IE 值
（a）原始试样；（b）预压 1.59%；（c）预压 3.32%；（d）预压 5.38%

3.4　退火温度对预孪晶 AZ31 镁合金板材显微组织和性能的影响

3.4.1　实验材料与方法

实验也采用 1 mm 厚商用 AZ31 轧制镁合金薄板。首先取用 Q11-3×1200 剪板机切割成的 50 mm×50 mm 方形试样，初步打磨后在 DNS200 电子万能试验机上采用特制模具对试样沿横向（TD）预压缩 5.20%，压头速度设置为 1 mm/min，随后在 200 ℃、300 ℃、400 ℃和 500 ℃温度下退火 2 h。完成上述预压步骤后，分别取不同退火温度后的试样进行金相研磨，采用 Leica DM2700 金相显微镜观察材料退火前后的显微组织。后续杯突试验详见 3.2.1 节。

3.4.2　微观组织演变

图 3-9（a）为 AZ31 镁合金原始未变形的显微组织图，图 3-9（b）为沿横向预压 5.20%未退火的 AZ31 镁合金的显微组织图。从图中可以看出，原始试样为晶粒尺寸约 9.6 μm 的均匀等轴晶粒，且无孪晶痕迹。当沿横向预压 5.20%时，晶粒中出现大量孪晶。众所周知，当沿横向预压（⊥晶粒 c 轴）时 $\{10\bar{1}2\}$ 孪晶会产生，孪晶具有切割晶粒细化晶粒的功能，改善了板材的组织[8]。

图 3-10 为在不同退火温度下退火 2 h 的镁合金板显微组织图。图 3-10（a）为 200 ℃下的退火，组织中存在大量明显的孪晶。当在温度为 300 ℃及以上退火时，如图 3-10（b）~（d）所示，孪晶消失。这是因为在再结晶温度以上，镁合金发生了静态再结晶，而再结晶晶粒多在孪晶比较密集区和晶界附近形核[16-18]。在这些区域，比较大的应力易为再结晶形核提供所需畸变能，晶核成核并长大。当温度升高到 300 ℃、400 ℃、500 ℃时，完全无孪晶迹象，可以清晰地看到一

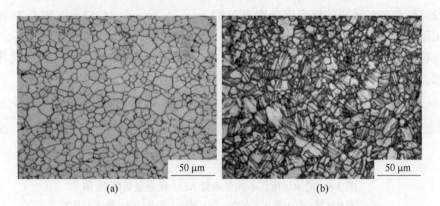

图 3-9　AZ31 镁合金试样的显微组织图

(a) 原始组织；(b) 预压 5.20%

图 3-10　沿 TD 预压 5.20%并在不同温度退火 2 h 的 AZ31 镁合金板显微组织图

(a) 200 ℃；(b) 300 ℃；(c) 400 ℃；(d) 500 ℃

个个的单独晶粒，且基本完成再结晶，组织开始趋向于均匀化。经过粗略计算可以得出，原始试样、300 ℃、400 ℃和 500 ℃退火试样的晶粒尺寸分别为 9.6 μm、21.3 μm、32.9 μm 和 28.1 μm，相比原始试样，退火试样的晶粒尺寸分别增大了 121.88%、242.71%和 192.71%，在退火温度为 400 ℃时，晶粒尺寸达到峰值，继续升温，晶粒尺寸出现减小的趋势。具体尺寸晶粒大小随退火温度的变化情况如图 3-11 所示。

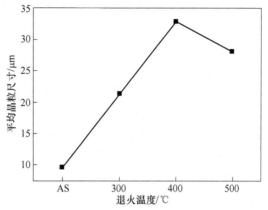

图 3-12 为在 400 ℃下分别退火 10 s、20 s、40 s、60 s、80 s、100 s、120 s 后的金相组织。可以看出，在热处理初期显微组织中有较多的孪晶，随退火时间的延长，孪晶数量逐渐减少，且晶粒尺寸逐渐增大；当退火 100 s 时，如图 3-12（f）所示，晶粒

图 3-11　沿 TD 预压 5.20%并在不同温度退火2 小时的 AZ31 镁合金板的晶粒尺寸分布

尺寸达到最大，且只存在较少孪晶；当退火时间达到 120 s 时，孪晶完全消失，晶粒尺寸逐渐变小且趋向于均匀。由此可以得出，随着退火时间的延长，再结晶效应逐渐增强，从而使孪晶消失，晶粒变得均匀。

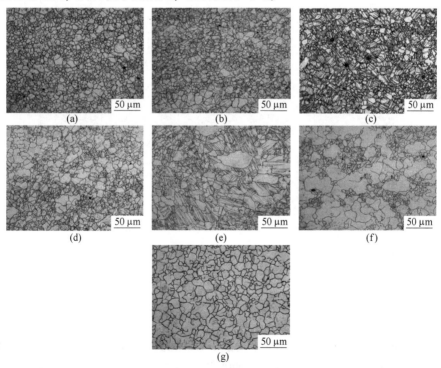

图 3-12　沿横向预压 5.20%并在 400 ℃退火不同时间 AZ31 镁合金板的显微组织图
（a）10 s；（b）20 s；（c）40 s；（d）60 s；（e）80 s；（f）100 s；（g）120 s

图 3-13 为原始试样在 400 ℃下分别退火 30 s、60 s、90 s、120 s 后的金相组织图。在退火 30 s、60 s、90 s、120 s 时，晶粒尺寸几乎不变，这说明静态再结晶过程需要一定的驱动力，否则不会出现晶粒长大的现象。对比图 3-12，分析得出预孪晶之后晶粒发生长大的现象主要是由于预压缩使得材料内部出现储存能，高温退火时孪晶诱导晶粒再结晶开动所致[19-21]。而再结晶过程是一个热激活且是一个形核和长大的过程，在 200 ℃条件下退火时，热激活过程不足以开动静态再结晶；而随温度的升高，再结晶形核和长大过程由于能量的增大速率逐渐增大。然而研究表明，再结晶形核和长大速率存在一个变形量临界值，即超过一定的变形量形核率大于长大速率，晶粒尺寸会逐渐减小。实验结果表明，这一临界温度约为 400 ℃，因而 400 ℃以下晶粒尺寸随退火温度的升高而逐渐增大，超过 400 ℃晶粒尺寸减小，在 400 ℃退火时晶粒尺寸达到临界最大值。

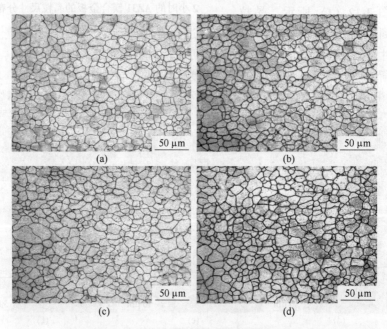

图 3-13　原始试样在 400 ℃退火不同时间 AZ31 镁合金板的金相组织图
(a) 30 s；(b) 60 s；(c) 90 s；(d) 120 s

3.4.3　力学性能

图 3-14 为沿横向预压 5.20%并在 200 ℃、300 ℃、400 ℃、500 ℃退火温度下，沿三个方向拉伸的真实应力应变曲线图。图 3-14 (a) 中，原始试样的流变应力高于其他退火温度下的试样，而且随着退火温度的升高，试样的屈服极限会逐次降低。图 3-14 (b) 中，变形初期原始试样的流变应力最大，而退火温度为

500 ℃的试样在整个变形过程中保持应力最低状态。图 3-14 (c) 中，曲线有明显的屈服平台，沿横向拉伸是预压缩的反向变形，这一现象可能是因为在屈服变形时出现了新的变形机制——去孪生。

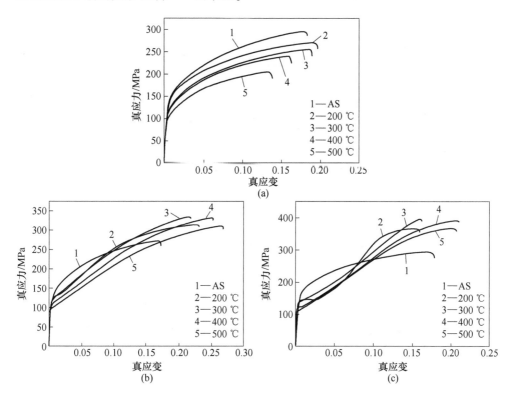

图 3-14 沿横向预压 5.20% 并在不同温度退火 2 h 的 AZ31
镁合金板在三个方向拉伸的真实应力应变曲线
(a) 轧向 (0°)；(b) 45°；(c) 横向 (90°)

图 3-15 描述了沿横向预压 5.20% 并在不同温度退火 2 小时的 AZ31 镁合金板在三个方向拉伸的屈服强度 (YS)、极限抗拉强度 (UTS) 和断裂伸长率 (FE) 等力学性能变化曲线，图 3-15 (a)~(c) 分别为沿轧向、45°方向、横向三个方向拉伸，并且不同退火温度对屈服强度和抗拉强度的影响曲线。由图 3-15 (a) 中可以看出，屈服强度和抗拉强度均随退火温度的升高而降低。图 3-15 (b) 中，其屈服强度始终随退火温度的升高而降低，而低于 400 ℃时极限抗拉强度会随退火温度升高而升高，当退火温度达到 400 ℃时，极限抗拉强度达到峰值，随后当退火温度升高时，其极限抗拉强度下降。图 3-15 (c) 显示，屈服强度会始终随退火温度的升高而降低，对于极限抗拉强度，在退火温度低于 300 ℃时，会呈现先快速上升、后缓慢上升的趋势，在 300 ℃时，极限抗拉强度达到最大值，随后 300 ℃时，随退火温度的

升高，极限抗拉强度会缓慢下降。图 3-15 (d) 为退火温度对不同方向上断裂伸长率的影响，在横向和 45°方向上，退火温度为 500 ℃时，断裂伸长率达到最大值，而在轧制方向上，随温度的升高，断裂伸长率出现下降的现象。

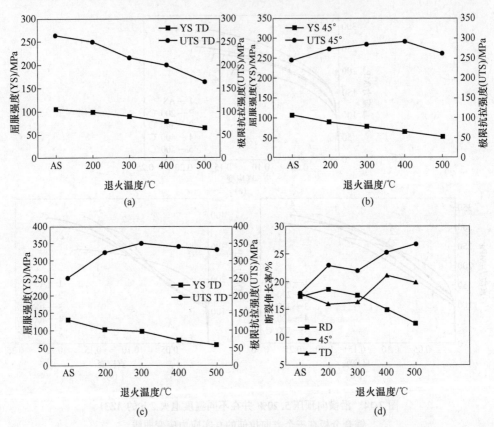

(a)

(b)

(c)

(d)

图 3-15   沿横向预压 5.20% 并在不同温度退火 2 h 的 AZ31
镁合金板在三个方向拉伸的力学性能变化曲线

(a) RD 屈服强度 (YS) 和极限抗拉强度 (UTS)；(b) 45°屈服强度和极限抗拉强度；
(c) TD 屈服强度和极限抗拉强度；(d) 断裂伸长率 (FE)

3.4.4   平面冲压成型性能

表 3-3 总结了沿横向预压 5.20%并在不同温度退火 2 h 的 AZ31 镁合金板在三个方向拉伸的应变硬化指数 n 值和塑性应变比 r 值的变化，平均 n 值和平均 r 值的计算同表 3-1。原始试样的平均 n 值与平均 r 值都处于比较高的水平，在退火温度为 200 ℃时，n 值与 r 值最小，随着退火温度的升高，n 值与 r 值都逐渐增大。与 200 ℃的退火试样相比，500 ℃退火试样的平均 n 值增加了 112.73%、平均 r 值增加了 128.02%。

表 3-3　沿横向预压 5.20%并在不同温度退火 2 h 的 AZ31
镁合金板在三个方向拉伸的 n 值和 r 值

试　样	n			$\bar{n}$	r			$\bar{r}$
	RD	45°	TD		RD	45°	TD	
原始	0.437	0.425	0.388	0.418	0.811	0.935	1.080	0.940
200 ℃退火	0.438	0.326	0.220	0.328	0.447	0.570	0.169	0.439
300 ℃退火	0.398	0.366	0.291	0.355	0.623	1.040	0.434	0.789
400 ℃退火	0.369	0.347	0.360	0.355	0.374	1.284	0.593	0.884
500 ℃退火	0.346	0.412	0.468	0.409	0.420	1.280	1.030	1.001

图 3-16 沿 TD 预压 5.20%并在不同温度退火 2 h AZ31 镁合金板的杯突值。由图可知，原始试样的压入深度为 2.83 mm，经 200 ℃、300 ℃、400 ℃ 和 500 ℃ 退火后，压入深度分别为 3.03 mm、5.50 mm、5.78 mm 和 5.43 mm；相比原始试样，杯突值分别提高了 70.67%、94.35%、104.24% 和 91.87%。在 400 ℃ 退火时，杯突值提高得最大，材料的成型性能达到最好。400 ℃ 以后，杯突值出现了降低。这与金相组织的变化相一致。

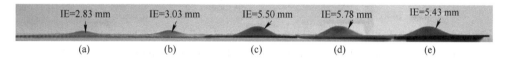

图 3-16　沿 TD 预压 5.20%并在不同温度退火 2 h AZ31 镁合金板的 IE 值
（a）原始试样；（b）200 ℃；（c）300 ℃；（d）400 ℃；（e）500 ℃

参 考 文 献

[1] XIN Y, WANG M, ZENG Z, et al. Tailoring the texture of magnesium alloy by twinning deformation to improve the rolling capability [J]. Scripta Materialia, 2011, 64 (10): 986-989.

[2] 宋广胜，陈强强，徐勇. AZ31 镁合金变路径压缩的力学性能和孪晶机制 [J]. 中国有色金属学报，2016, 26 (9): 1869-1877.

[3] 丁雪征，刘天模，陈建，等. 孪晶界对 AZ31 镁合金静态再结晶的影响 [J]. 中国有色金属学报，2013, 23 (1): 1-8.

[4] 张诗昌，杨广，康龙武. 预变形及退火处理提高 AZ31 镁合金的塑性 [J]. 材料科学与工程学报，2015, 33 (3): 324-328.

[5] YI B, BOHLEN J, HEINEMANN F, et al. Mechanical anisotropy and deep drawing behaviour of AZ31 and ZE10 magnesium alloy sheets [J]. Acta Materialia, 2010, 58 (2): 592-605.

[6] WANG L F, HUANG G S, QUAN Q, et al. The effect of twinning and detwinning on the mechanical property of AZ31 extruded magnesium alloy during strain-path changes [J]. Materials

& Design, 2014, 63: 177-184.

[7] HUANG X S, SUZUKI K, CHINO Y, et al. Improvement of stretch formability of Mg-3Al-1Zn alloy sheet by high temperature rolling at finishing pass [J]. Journal of Alloys and Compounds, 2011, 509 (28): 7579-7584.

[8] HUANG X S, SUZUKI K, SAITO N. Textures and stretch formability of Mg-6Al-1Zn magnesium alloy sheets rolled at high temperatures up to 793K [J]. Scripta Materialia, 2009, 60 (8): 651-654.

[9] KUMAR N V R, BLANDIN J J, DESRAYAUD C. Grain refinement in AZ91 magnesium alloy during thermomechanical processing [J]. Materials Science and Engineering A, 2003, 359 (1/2): 150-157.

[10] DENG J, TIAN J, CHANG Y, et al. The role of $\{10\bar{1}2\}$ tensile twinning in plastic deformation and fracture prevention of magnesium alloys [J]. Materials Science and Engineering A, 2022, 853: 143678.

[11] TIAN J, DENG J, CHANG Y, et al. Selection behavior of $\{10\bar{1}2\}$ tensile twin variants and its contribution during plastic processing of magnesium alloy [J]. Journal of Alloys and Compounds, 2022, 918: 165517.

[12] FALLAHI H. Evolution of primary and secondary twins during tensile cyclic loading in magnesium alloy ZM21 by quasi in situ EBSD [J]. Materials Science and Engineering A, 2022, 857: 144057.

[13] LIU B, XUE L, LI R, et al. Plasticity damage behavior caused by compression twins and double twins in rolled WE43 magnesium alloys [J]. Materials Letters, 2023, 350: 134877.

[14] SISKA F, DROZDENKO D, MATHIS K, et al. Three-dimensional crystal plasticity and HR-EBSD analysis of the local stress-strain fields induced during twin propagation and thickening in magnesium alloys [J]. Journal of Magnesium and Alloys, 2023, 11 (2): 657-670.

[15] CHENG J, BONG H J, QIAO H, et al. Comparison of three state-of-the-art crystal plasticity based deformation twinning models for magnesium alloys [J]. Computational Materials Science, 2022, 210: 111480.

[16] PENG J H, ZHANG Z, CHENG H H, et al. Texture weakening effect from $\{10\bar{1}1\}$ twins induced static recrystallization in ambient extrusion AZ31 magnesium alloy [J]. Journal of Alloys and Compounds, 2023, 960: 170738.

[17] ZHANG L, WU X, YANG X, et al. Static recrystallization and precipitation behavior of forged and annealed Mg-8.7Gd-4.18Y-0.42Zr magnesium alloy [J]. Materials Today Communications, 2023, 34: 105106.

[18] LI L, SUH B C, SUH J S, et al. Static recrystallization behavior of the cold-rolled Mg-1Al-1Zn-0.1Ca-0.2Y magnesium alloy sheet [J]. Journal of Alloys and Compounds, 2023, 938: 168508.

[19] PENG J H, ZHANG Z, CHENG H H, et al. Texture weakening effect from $\{10\bar{1}1\}$ twins induced static recrystallization in ambient extrusion AZ31 magnesium alloy [J]. Journal of

Alloys and Compounds, 2023, 960: 170738.

[20] CHENG W, WANG L, ZHANG H, et al. Enhanced stretch formability of AZ31 magnesium alloy thin sheet by pre-crossed twinning lamellas induced static recrystallizations [J]. Journal of Materials Processing Technology, 2018, 254: 302-309.

[21] PENG J, ZHANG Z, LI Y, et al. Twinning-induced dynamic recrystallization and micro-plastic mechanism during hot-rolling process of a magnesium alloy [J]. Materials Science and Engineering A, 2017, 699: 99-105.

4 预孪晶高温退火诱导晶粒长大调控 AZ31 镁合金薄板组织性能

4.1 概 述

作为镁合金重要的塑性变形机制之一的孪生起着协调 c 轴应变，改变晶粒取向和释放应力集中的作用。镁合金塑性变形时（平行于 c 轴拉伸或者垂直于 c 轴压缩）形成的拉伸孪晶会促进再结晶的形核和长大，这是因为拉伸孪晶界面易迁移，形变均匀，难以储存足够的形变能，孪晶界易成为形核点，有利于晶粒长大，且由于静态再结晶的作用，弱化了变形产生的强基面织构[1-4]。同时，塑性变形量越大，组织内由于缺陷产生而储存的形变能越高，因此，越来越多本来在平衡位置上振动的原子获得能量而偏离平衡位置。在退火阶段，首先偏离平衡位置大的原子，获得足够的能量向能量低的平衡位置迁移，然后使形变能得到释放，内应力发生松弛，从而发生再结晶。所以，塑性变形量越大，试样形变储存能越高，越利于再结晶的进行。周华[5]对 20 mm 厚 AZ31 热轧板材沿 TD 压缩不同变形量，随着变形量从 2%增加到 5%，试样的孪晶体积分数由 20.8%增加到 57.6%。退火 450 ℃/4 h 过程中，试样发生热激活界面迁移，当变形量小时（如 2%），孪晶片层尺寸较小，基本上孪晶的尺寸比基体小很多，孪晶对基体的分割作用不是很明显，在退火后，基面极图中偏聚于 TD 方向的部分基本消失，即孪晶基本消失，这说明在退火过程中，试样发生热激活界面迁移，孪晶被基体吞并。当变形量比较大时（如 5%），孪晶片层尺寸比基体大，退火后，基面极图中极点偏聚于 TD 方向的密度大幅增强，而极点偏聚于 ND 方向的密度大幅降低；这表明，孪晶取向大幅增加，基体取向大幅减少，即大部分孪晶被基体吞并。预应变过程中引入的大量孪晶会显著影响材料变形行为，3.1 节和 3.2 节的介绍主要是沿板材 TD 和 RD 这两个路径预压缩引入拉伸孪晶，然后，一方面通过 200 ℃低温退火，观察其组织并研究力学性能变化，发现沿 RD 预压试样的成型性能优于沿 TD 预压的试样；另一方面通过 450 ℃高温退火，研究孪晶对静态再结晶的影响，发现板材塑性变形量越大，组织内形变储存能越高，越利于再结晶的进行。众所周知，当对镁合金压缩（垂直于晶粒 c 轴）或者拉伸（平行于晶粒 c 轴）时，$\{10\bar{1}2\}$ 拉伸孪晶会产生，沿 TD 或 RD 压缩试样均是垂直于晶粒 c 轴压缩，但是前述研究均是沿某一路径进行预压，而对材料进行多路径复合预压的研究迄今鲜有报道。

本章主要研究了 AZ31 镁合金拉伸孪晶的静态再结晶行为，选取的试验材料为轧制态 AZ31 镁合金，对其进行了室温不同程度的预压缩变形试验，采用微观组织观察和力学性能实验相结合的手段对退火前后的试样进行了详细分析，系统研究了 AZ31 镁合金退火过程中拉伸孪晶和静态再结晶的影响。同时，以轧制态 1 mm 厚 AZ31 镁合金薄板为研究对象，先沿横向（TD）进行预压不同变形量随后沿轧向（RD）预压，以及先沿轧向（RD）预压缩随后沿横向（TD）预压缩不同变形量，而后进行 450 ℃高温退火，采用微观组织观察和力学性能实验相结合的手段对退火前后的试样进行了详细分析，系统研究不同预压路径对 AZ31 镁合金拉伸孪晶和静态再结晶的影响。

4.2　预孪晶量高温退火对 AZ31 镁合金板材组织和成型性能的影响

4.2.1　实验材料与方法

实验采用 1 mm 厚商用 AZ31 轧制镁合金薄板，首先取采用 Q11-3×1200 剪板机切割成的 50 mm×50 mm 方形试样，初步打磨后在 DNS200 电子万能试验机上采用特制模具对试样沿横向（TD）进行 1.59%、3.32%、5.38% 和 7.76% 的预压缩，压头速度设置为 1 mm/min。预压完成后取不同预压试样进行金相研磨，采用 Leica DM2700 金相显微镜观察材料变形前后的显微组织。随后对预压试样在 450 ℃温度下进行 2 h 退火处理，完成这一步骤后再对试样进行金相研磨，观察热处理后的显微组织。

接下来对部分热处理试样采用冲头球径为（20±0.05）mm、垫模孔径为（33±0.1）mm、数显分辨率 0.01 mm 的数显自动杯突试验机进行杯突实验，检测其冲压成型性能；另一部分热处理试样制备 0°（RD）、45°、90°（TD）三个方向的拉伸试样，并在室温下用 DNS200 电子万能试验机对试样进行单向拉伸实验，拉伸速率设置为 1 mm/min，以机油进行润滑，采用特制的夹具夹持，得到一些力学性能指标。所有制备的试样均重复 3 次，实验结果求取平均值，确保数据真实准确。

4.2.2　显微组织演变

图 4-1 为沿横向预压不同变形量的原始未退火 AZ31 镁合金板的显微组织图。图 4-1（a）为原始金相组织，晶粒为尺寸 9.6 μm 的比较均匀的等轴晶，原始组

织中无孪晶。图 4-1（b）~（e）分别为横向预压缩 1.59%、3.32%、5.38% 和 7.76% 的金相显微组织，从图中可以看出晶粒中已经开始出现孪晶，这些孪晶具有镜面对称的特点，经论证为 {10$\bar{1}$2} 拉伸孪晶，且预压程度越大，孪晶体积分数越大。众所周知，只有当拉伸（平行于晶粒 c 轴）或压缩（垂直于晶粒 c 轴）时，{10$\bar{1}$2} 拉伸孪生才会启动，本实验沿横向（TD）预压便是垂直于晶粒 c 轴进行的压缩，故会产生拉伸孪晶。

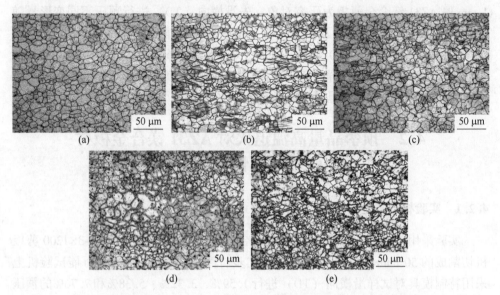

图 4-1　沿横向预压不同变形量的原始 AZ31 镁合金板的显微组织图
（a）原始试样；（b）预压 1.59%；（c）预压 3.32%；（d）预压 5.38%；（e）预压 7.76%

图 4-2 为沿横向预压不同变形量并在 450 ℃ 退火 2 h 的 AZ31 镁合金板的显微组织图。图 4-2（a）为原始显微金相组织，晶粒尺寸约为 9.6 μm 的比较均匀的等轴晶，从图中可看出此时晶粒相对较为细小。图 4-2（b）~（e）分别为横向预压缩 1.59%、3.32%、5.38% 和 7.76% 并在 450 ℃ 退火 2 h 的金相显微组织，对比图 4-1 可知，预压变形后晶粒内部产生了大量孪晶，而 450 ℃ 高温退火后孪晶完全消失，且明显的晶粒发生了长大，这可归因于预压试样发生了因预压缩产生的应变诱导的界面迁移机制的再结晶，此机制是在界面两侧形变储存能差异的驱动下，原始晶界向变形区域移动，致使晶粒长大[6-7]。退火后晶粒尺寸分别为 14.2 μm、36.2 μm、25.1 μm 和 21.2 μm，相比于原始晶粒，预压并退火的试样晶粒的尺寸均明显增大，分别增大约 47.92%、277.08%、161.46% 和 120.83%。晶粒尺寸的变化趋势如图 4-3 所示，这是因为预变形不同程度地促进了镁合金板材晶粒的长大速率。

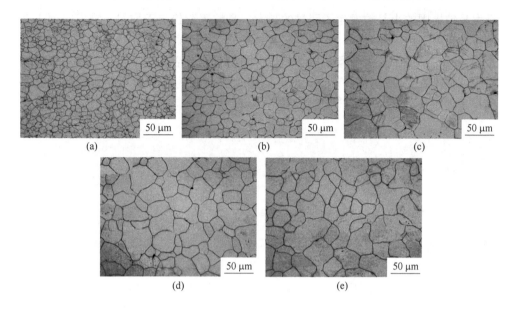

图 4-2 沿横向预压不同变形量并在 450 ℃ 退火 2 h 的 AZ31 镁合金板显微组织图

（a）原始试样；（b）预压 1.59%；（c）预压 3.32%；（d）预压 5.38%；（e）预压 7.76%

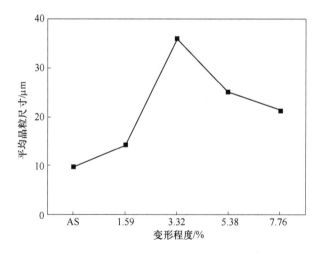

图 4-3 沿横向预压不同变形量并在 450 ℃ 退火 2 h 的 AZ31 镁合金板平均晶粒尺寸分布

图 4-4 为横向预压 5.38%并在 450 ℃ 退火不同时间的 AZ31 镁合金板金相显微组织图。在横向预压 5.38%的原始试样中分布着密度很大的孪晶，在退火 20 s 时，如图 4-4（a）所示，组织中孪晶的体积分数依旧很多。在退火 40 s 时，组织中孪晶数目锐减，且在大晶粒晶界周围出现许多明显的再结晶小晶粒，孪晶主要分布在小晶粒中。在退火 60 s、80 s、100 s 和 120 s 的晶粒中，已无孪晶迹象，

且大晶粒周围的小晶粒发生了明显的长大，晶粒逐渐趋向于均匀。沿横向预压缩使得材料内部出现储存能，这提供了再结晶驱动力，高温退火时孪晶诱导再结晶开动，晶粒出现了长大现象。再结晶过程是一个热激活，也是一个形核和长大的过程。在 450 ℃ 高温条件下退火时，随着退火时间的延长再结晶形核和长大过程在高的能量下逐渐增大[5]。

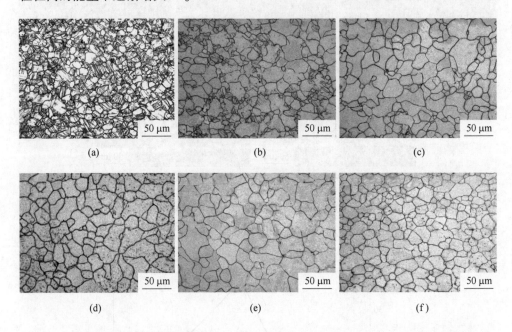

图 4-4 沿横向预压 5.38% 并在 450 ℃ 退火不同时间的 AZ31 镁合金板金相显微组织图
(a) 20 s；(b) 40 s；(c) 60 s；(d) 80 s；(e) 100 s；(f) 120 s

4.2.3 力学性能

图 4-5 为沿横向预压不同变形量并在 450 ℃ 退火 2 h 的 AZ31 镁合金板在三个方向拉伸的真实应力应变曲线。观察该曲线及图 4-6 力学性能变化的折线图可以看出，预压试样中随变形量的增大，屈服强度（YS）大体呈减小趋势，根据极限抗拉强度（UTS）和断裂伸长率（FE）大体呈现增大趋势。众所周知，孪晶极大地影响镁合金的塑性。孪晶的产生引起孪晶界增加，孪晶界是一种大角度晶界，它的产生阻碍了位错运动，一方面提高了镁合金的强度，另一方面会导致位错累积，降低材料塑性。而退火处理后，孪晶减少或消失，材料强度降低，塑性增加[8-10]。随着退火的持续进行，静态再结晶晶粒在诸如孪晶界和晶界的交叉处等畸变能相对高的地方形核生长，当晶粒较细小时，材料塑性提高，而当晶粒长大粗化后材料的塑性降低。

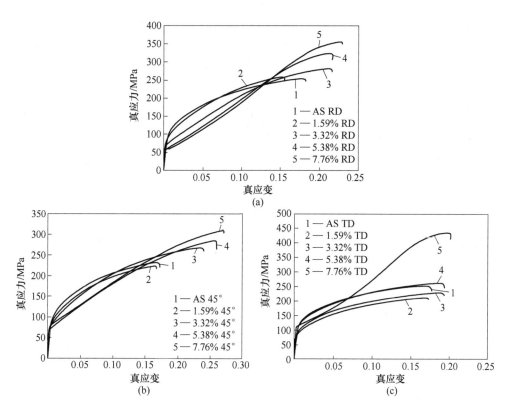

图 4-5　沿横向预压不同变形量并在 450 ℃ 退火 2 h 的 AZ31 镁合金板
在三个方向拉伸的真实应力应变曲线
（a）轧向（0°）；（b）45°；（c）横向（90°）

4.2.4　平面冲压成型性能

表 4-1 总结了沿横向预压不同变形量并在 450 ℃ 退火 2 h 的 AZ31 镁合金板
在三个方向拉伸的 n 值和 r 值的变化情况，其中平均 n 值和平均 r 值的计算公式
如下：

$$\overline{r} = \frac{1}{4}(r_{RD} + 2r_{45°} + r_{TD}) \tag{4-1}$$

$$\overline{n} = \frac{1}{4}(n_{RD} + 2n_{45°} + n_{TD}) \tag{4-2}$$

由表 4-1 可知，随着沿横向预压程度的增加，r 值逐渐减小，例如横向预压
7.76% 后试样的 r 值相比原始试样减小了 33.15%。众所周知，当沿横向预压变
形时，晶粒将会向施力方向旋转，这就导致了基面滑移的施密特因子增加，因此
最终 r 值降低。不同预压试样的 n 值会随预压程度的增加而增加，例如横向预压

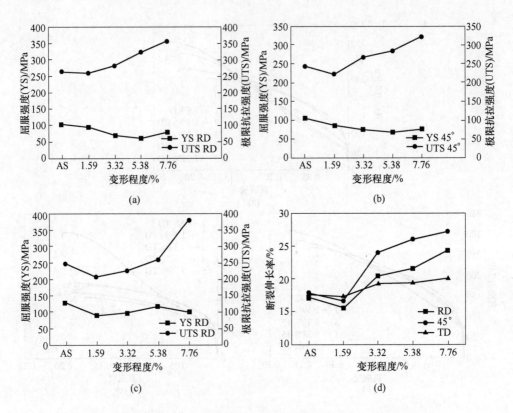

图 4-6　沿横向预压不同变形量并在 450 ℃ 退火 2 h 的 AZ31 镁合金板
在三个方向拉伸的力学性能变化曲线

（a）轧向的屈服强度（YS）和极限抗拉强度（UTS）；（b）45°方向的屈服强度和极限抗拉强度；
（c）横向的屈服强度和极限抗拉强度；（d）断裂伸长率（FE）

7.76% 试样的 n 值相比原始试样增加了 61.39%，因此晶粒协调变形的能力提高。

表 4-1　沿横向预压不同变形量并在 450 ℃ 退火 2 h 的 AZ31
镁合金板在三个方向拉伸的 n 值和 r 值

试　　样	n			$\bar{n}$	r			$\bar{r}$
	RD	45°	TD		RD	45°	TD	
原始	0.401	0.354	0.330	0.360	0.779	0.935	1.080	0.932
预压 1.59%	0.495	0.508	0.485	0.499	0.778	0.946	0.906	0.894
预压 3.32%	0.626	0.495	0.461	0.519	0.576	0.929	0.721	0.789
预压 5.38%	0.626	0.546	0.480	0.549	0.545	0.802	0.593	0.686
预压 7.76%	0.610	0.639	0.435	0.581	0.514	0.753	0.472	0.623

图 4-7 显示了沿横向预压不同变形量并在 450 ℃ 退火 2 h AZ31 镁合金板的杯突值。杯突值由原始材料的 2.83 mm 分别增大为 3.6 mm、5.09 mm、5.43 mm 和 5.74 mm，当预压 7.76% 时杯突值提高最大，相比原始试样杯突值提高了 102.83%。从以上数据可以得出结论：随预压程度的增加，杯突值逐渐增加。原始试样由于有比较强的 (0002) 基面织构，其杯突值只有 2.83 mm，但是随预压程度的增加预压试样的杯突值显著增加。这一方面可归因于孪晶诱导晶粒向施力方向发生偏转，另一方面随着晶粒长大基面织构更加发散。

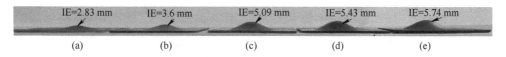

图 4-7 沿横向预压不同变形量并在 450 ℃ 退火 2 h AZ31 镁合金板的 IE 值
（a）原始试样；（b）预压 1.59%；（c）预压 3.32%；（d）预压 5.38%；（e）预压 7.76%

4.3 TD-RD 交叉预孪晶高温退火调控 AZ31 镁合金板材的组织和性能

4.3.1 实验材料与方法

实验采用 1 mm 厚商用 AZ31 轧制镁合金薄板，前处理实验详见 4.2.1 节，在沿横向预压完后，随后沿轧向（RD）预压 3.3%，压头速度设置为 1 mm/min。预压完成后取不同预压试样进行金相研磨，采用 Leica DM2700 金相显微镜观察材料变形前后的显微组织。随后对预压试样在 450 ℃ 温度下进行 2 h 退火处理，完成这一步骤后再对试样进行金相研磨，观察热处理后的显微组织。杯突试验详见 4.2.1 节。

4.3.2 显微组织演变

图 4-8 为沿横向预压不同变形量随后沿轧向预压 3.3% 的 AZ31 镁合金板的显微组织图。图 4-8（a）为晶粒尺寸约为 9.6 μm 的原始组织显微金相图，从图中可以看出，晶粒中无孪晶。从图 4-8（b）开始，显微组织开始出现孪晶，孪晶分布稀疏且宽度较窄。图 4-8（c）为横向预压 3.32% 随后轧向预压 3.3% 的显微组织金相图，图中几乎没有孪晶。图 4-8（d）为横向预压 5.38% 随后轧向预压 3.3% 的显微组织金相图，图中有些许孪晶的痕迹。晶粒尺寸几乎没有变化。

图 4-9 分别为预变形试样变形后在 450 ℃ 退火后 2 h 后的显微组织，所有退火试样中均无孪晶痕迹。图 4-9（a）为原始显微组织，晶粒尺寸约为 9.6 μm；图 4-9（b）为横向变形 1.69% 随后沿轧制变形 3.3% 的显微组织，晶粒中无孪

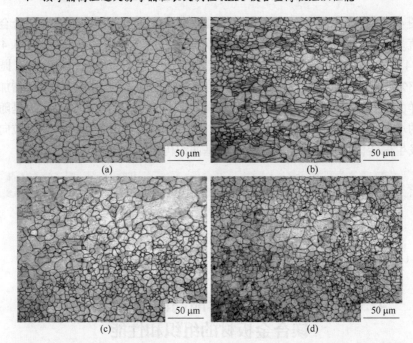

图 4-8　沿横向预压不同变形量随后沿轧向预压 3.3% 的 AZ31 镁合金显微组织图

（a）原始试样；（b）预压 1.69%；（c）预压 3.32%；（d）预压 5.38%

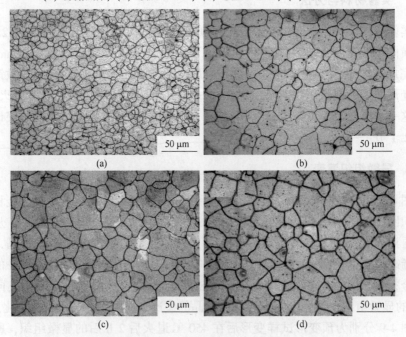

图 4-9　沿横向预压不同变形量随后沿轧向预压 3.3% 并在 450 ℃

退火 2 h 的 AZ31 镁合金板微观组织图

（a）原始试样；（b）预压 1.69%；（c）预压 3.32%；（d）预压 5.38%

晶，晶粒尺寸为 19.3 μm；图 4-9（c）为横向变形 3.32%随后沿轧制变形 3.3%
的显微组织，晶粒尺寸较图 4-9（b）的继续增大为 22.3 μm，图 4-9（d）为横
向变形 5.38%随后沿轧制变形 3.3%的显微组织，晶粒尺寸较图 4-9（c）的略有
增大，晶粒尺寸为 25.6 μm。相比原始组织，预变形并退火后的晶粒尺寸均得到
提高，变形量最大的试样组织晶粒尺寸较原始组织提高了 166.67%。晶粒尺寸变
化情况主要可能与再结晶变形行为的临界变形量有关，预变形超过一定的变形
量，再结晶形核率大于长大速率，而低于这个临界变形量，晶粒长大速率大于形
核速率，晶粒尺寸随应变量增大而逐渐增大[11-13]。一般认为镁合金临界变形量
约为 5%，当进行预压缩之后其临界变形量可能发生增长，进而长大率大于形核
速率，故晶粒尺寸发生长大。

4.3.3 力学性能

图 4-10 为沿横向预压不同变形量随后沿轧向预压 3.3%并在 450 ℃退火 2 h

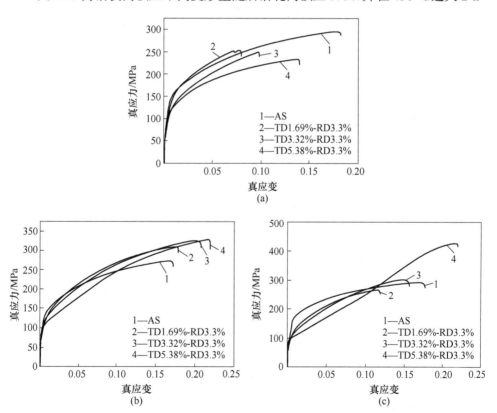

图 4-10 沿横向预压不同变形量随后沿轧向预压 3.3%并在 450 ℃退火 2 h 的
AZ31 镁合金板在三个方向拉伸的真实应力应变曲线
（a）轧向（0°）；（b）45°；（c）横向（90°）
（AS：原始试样）

的 AZ31 镁合金板在三个方向拉伸的真实应力应变曲线。观察该曲线及图 4-11 力学性能变化的折线图可以看出，预压试样中随变形量的增大，试样在三个方向上的屈服强度（YS）均呈现减小趋势；试样在 45°方向上的极限抗拉强度（UTS）一路飙升，在横向上大体呈现增长趋势，但在轧向上先增加后降低；试样断裂伸长率（FE）总体呈现增大趋势。沿横向预压缩后，一方面随着预压程度的增大试样中孪晶的体积分数增加，另一方面预压缩启动了滑移系，使材料积累了大量的储存能，随后进行轧向预压 3.3%并在 450 ℃退火 2 h 后，储存能作为再结晶形核的驱动力使 $\{10\bar{1}2\}$ 拉伸孪晶的界面产生迁移，因此材料的塑性得到极大改善。

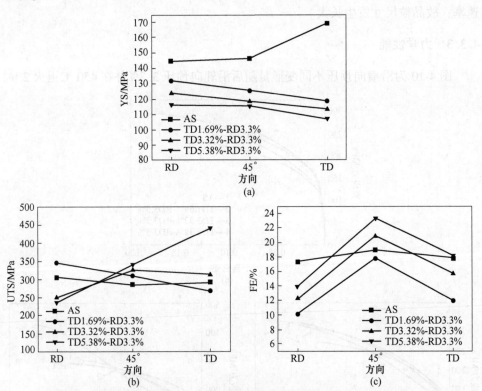

图 4-11　沿横向预压不同变形量随后沿轧向预压 3.3%并在 450 ℃退火 2 h 的
AZ31 镁合金板在三个方向拉伸的力学性能变化曲线

（a）屈服强度（YS）；（b）极限抗拉强度（UTS）；（c）断裂伸长率（FE）

（AS：原始试样）

4.3.4　成型性能

表 4-2 总结了沿横向预压不同变形量随后沿轧向预压 3.3%并在 450 ℃退火 2 h 的 AZ31 镁合金板在三个方向拉伸的 n 值和 r 值，其中平均 n 值和平均 r 值的

计算公式如下：

$$\bar{r} = \frac{1}{4}(r_{RD} + 2r_{45°} + r_{TD}) \qquad (4\text{-}1)$$

$$\bar{n} = \frac{1}{4}(n_{RD} + 2n_{45°} + n_{TD}) \qquad (4\text{-}2)$$

表 4-2 沿横向预压不同变形量随后沿轧向预压 3.3% 并在 450 ℃退火 2 h 的
AZ31 镁合金板在三个方向拉伸的 n 值和 r 值

试　样	n			$\bar{n}$	r			$\bar{r}$
	RD	45°	TD		RD	45°	TD	
AS	0.437	0.425	0.388	0.418	4.36	3.14	3.53	3.54
TD1.69-RD3.3%	0.460	0.468	0.470	0.466	1.330	1.325	1.476	1.364
TD3.32%-RD3.3%	0.505	0.423	0.522	0.468	0.559	1.304	1.119	1.072
TD5.38%-RD3.3%	0.409	0.484	0.515	0.474	0.829	2.309	0.558	0.988

由表 4-2 可知，随着沿横向预压程度的增加，r 值逐渐减小，例如横向预压 5.38% 随后轧向预压 3.3% 试样的 r 值相比原始试样减小了 72.09%。众所周知，宽度方向是柱面滑移主导变形，而在室温下主导厚度方向变形的锥面滑移较难开动，因此原始材料成型性比较差。当沿横向预压变形时，晶粒将会向施力方向旋转，这就导致了基面滑移的施密特因子增加，因此最终使 r 值降低。不同预压试样的 n 值会随预压程度的增加而增加，例如横向预压 5.38% 随后轧向预压 3.3% 试样的 n 值相比原始试样增加了 133.97%，因此晶粒协调变形的能力提高。

图 4-12 显示了沿横向预压不同变形量后沿轧向预压 3.3% 并在 450 ℃退火 2 h 的 AZ31 镁合金板 IE 值，从图中可以看出预压试样的杯突值明显比原始试样提高了很多。原始试样，预压 1.59%、3.32% 和 5.38% 试样的杯突值分别为 2.83 mm、5.61 mm、5.72 mm 和 6.01 mm，相比原始预压试样的杯突值分别增加了约 98.23%、102.12% 和 112.37%，因此沿横向预压 5.38% 随后轧向预压 3.3% 试样的冲压成型能力最佳。这可能是因为预压程度越高，晶粒的旋转导致了基面织构弱化，材料成型能力提高[14-16]。

图 4-12　沿横向预压不同变形量后沿轧向预压 3.3% 并在
450 ℃退火 2 h 的 AZ31 镁合金板 IE 值
（a）原始试样；（b）预压 1.59%；（c）预压 3.32%；（d）预压 5.38%

4.4　RD-TD 交叉预孪晶高温退火调控 AZ31 镁合金板材的组织和性能

4.4.1　实验材料与方法

　　实验采用 1 mm 厚商用 AZ31 轧制镁合金薄板，首先取用 Q11-3×1200 剪板机切割成的 50 mm×50 mm 方形试样，初步打磨后在 DNS200 电子万能试验机上采用特制模具对试样首先沿轧向（RD）预压缩 3.3%，随后沿横向（TD）预压缩 1.59%、3.32% 和 5.38%，压头速度设置为 1 mm/min。预压完成后取不同预压试样进行金相研磨，采用 Leica DM2700 金相显微镜观察材料变形前后的显微组织。然后对预压试样在 450 ℃温度下进行 2 h 退火处理，完成这一步骤后再对试样进行金相研磨，观察热处理后的显微组织。

　　接下来对部分热处理试样采用冲头球径为（20±0.05）mm、垫模孔径为（33±0.1）mm、数显分辨率 0.01 mm 的数显自动杯突试验机进行杯突实验，检测其冲压成型性能；另一部分热处理试样制备 0°（RD）、45°、90°（TD）三个方向的拉伸试样，并在室温下用 DNS200 电子万能试验机对试样进行单向拉伸实验，拉伸速率设置为 1 mm/min，以机油进行润滑，采用特制的夹具夹持，得到一些力学性能指标。所有制备的试样均重复 3 次，实验结果求取平均值，确保数据真实准确。

4.4.2　显微组织演变

　　图 4-13 为沿轧向预压 3.3%随后沿横向预压不同变形量的 AZ31 镁合金显微组织图。图 4-13（a）为晶粒尺寸约 9.6 μm 的原始组织显微图，组织为比较均匀的等轴晶粒，晶粒中无孪晶。从图 4-13（b）开始，组织中出现细小的透镜状孪晶，孪晶分布比较稀疏；图 4-13（c）为轧向预压 3.3%随后横向预压 3.32%的显微组织图，图中孪晶的体积分数明显增多；图 4-13（d）为轧向预压 3.3%随后横向预压 5.38%的显微组织图，图中孪晶的数量相较其他组织，明显比较多。因此，随预压程度的增加，孪晶出现且孪晶体积分数逐渐增加。实验中沿轧向或横向施加压缩载荷，均是垂直于晶粒 c 轴施力，会产生 $\{10\bar{1}2\}$ 拉伸孪晶。从显微组织中可以看出，随预压程度的增加，拉伸孪晶体积分数的增加，这会导致更多晶粒的取向改变，基面织构强度降低。

　　图 4-14 分别为沿轧向预压 3.3%随后沿横向预压不同变形量并在 450 ℃退火 2 h 的 AZ31 镁合金板显微组织图。在所有退火试样中均无孪晶痕迹。图 4-14（a）为原始显微组织，晶粒尺寸为约 9.6 μm 的等轴晶；图 4-14（b）为轧向变

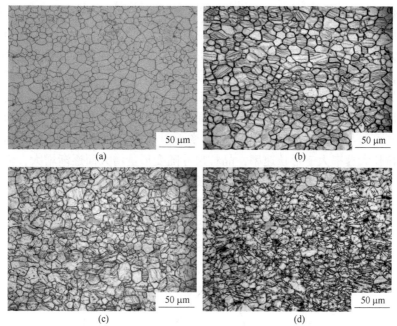

图 4-13 沿轧向预压 3.3%随后沿横向预压不同变形量的 AZ31 镁合金显微组织图

(a) 原始试样；(b) 预压 1.69%；(c) 预压 3.32%；(d) 预压 5.38%

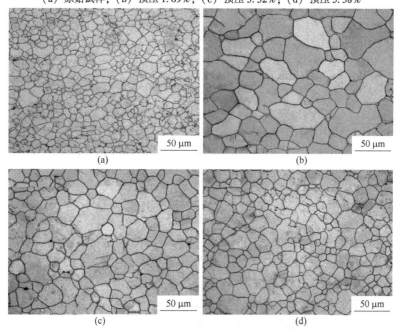

图 4-14 沿轧向预压 3.3%随后沿横向预压不同变形量并在 450 ℃退火 2 h 的
AZ31 镁合金板微观组织图

(a) 原始试样；(b) 预压 1.69%；(c) 预压 3.32%；(d) 预压 5.38%

形 3.3%随后横向变形 1.69%的显微组织，晶粒尺寸为 27.1 μm；图 4-14（c）为轧向变形 3.3%随后横向变形 3.32%的显微组织，晶粒尺寸较图 4-14（b）变形量减小为 18.9 μm；图 4-14（d）为轧向变形 3.3%随后横向变形 5.38%的显微金相组织，晶粒尺寸较图 4-14（c）变形量略有减小，为 17.1 μm。具体晶粒尺寸变化趋势如图 4-15 所示。相比原始组织，预变形并退火后的晶粒尺寸均得到提高，变形量最大试样的组织晶粒尺寸较原始组织提高了 182.29%。晶粒尺寸变化情况主要可能与再结晶变形行为的临界变形量有关，预变形低于这个临界变形量，晶粒长大速率大于形核速率，晶粒尺寸随变形量增大而逐渐增大；而预变形超过一定的变形量，再结晶形核率大于长大速率，晶粒尺寸随变形量增大而逐渐减小。实验中晶粒尺寸发生改变可能主要与轧向预压 3.3%随后横向预压 3.32%后超过这个临界变形量，进而形核率超过长大速率，故晶粒尺寸逐渐减小。

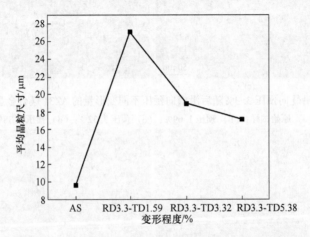

图 4-15　沿轧向预压 3.3%随后沿横向预压不同变形量
并在 450 ℃退火 2 h 的 AZ31 镁合金板的平均晶粒尺寸分布

4.4.3　力学性能

图 4-16 为沿轧向预压 3.3%随后沿横向预压不同变形量并在 450 ℃退火 2 h 的 AZ31 镁合金板在三个方向拉伸的真实应力应变曲线。观察该曲线及图 4-17 力学性能变化的折线图可以看出，预压试样中随变形量的增大，试样在三个方向上的屈服强度（YS）均总体呈现减小趋势；在 45°以及横向上的极限抗拉强度（UTS）总体升高，但在轧向上减小；断裂伸长率（FE）总体呈现增大趋势。沿轧向预压缩后，一方面随着预压程度的增大试样中孪晶的体积分数增加；另一方面预压缩启动了滑移系，使材料积累了大量的储存能，随后进行横向预压缩并在 450 ℃退火 2 h 后，储存能作为再结晶形核的驱动力使 $\{10\bar{1}2\}$ 拉伸孪晶的界面

产生迁移，因此材料的塑性有所提高[17-20]。

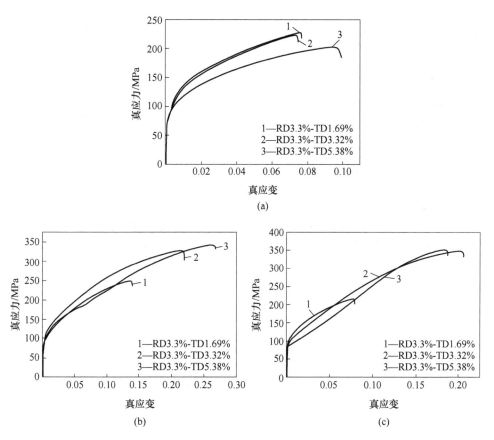

图 4-16 沿轧向预压 3.3% 随后横向预压不同变形量并在 450 ℃ 退火
2 h 的 AZ31 镁合金三个方向拉伸的真实应力应变曲线
（a）轧向（0°）；（b）45°；（c）横向（90°）

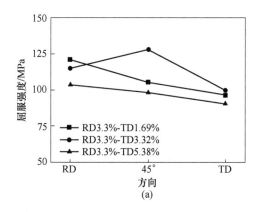

（a）

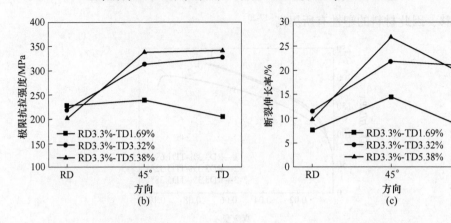

图 4-17　沿轧向预压 3.3%随后沿横向预压不同变形量并在 450 ℃退火 2 h 的
AZ31 镁合金板在三个方向拉伸的力学性能变化曲线
(a) 屈服强度 (YS)；(b) 极限抗拉强度 (UTS)；(c) 断裂伸长率 (FE)

4.4.4　成型性能

表 4-3 总结了沿轧向预压 3.3%随后沿横向预压不同变形量并在 450 ℃退火 2 h的 AZ31 镁合金板在三个方向拉伸的 n 值和 r 值，其中平均 n 值和平均 r 值的计算同表 4-2。由表 4-3 可知，随着沿横向预压程度的增加，r 值逐渐减小，例如轧向预压 3.3%随后横向预压 5.38%试样的 r 值相比原始试样减小了 61.38%。不同预压试样的 n 值会随预压程度的增加呈现先增加后减小的趋势，在轧向预压 3.3%随后横向预压 1.69%时 n 值达到最大，随后减小，例如轧向预压 3.3%随后横向预压 5.38%试样的 n 值相比原始试样增加了 11.96%，此时晶粒协调变形的能力比较高。

表 4-3　沿轧向预压 3.3%随后沿横向预压不同变形量并在 450 ℃退火 2 h 的
AZ31 镁合金板在三个方向拉伸的 n 值和 r 值

试　　样	n			$\bar{n}$	r			$\bar{r}$
	RD	45°	TD		RD	45°	TD	
AS	0.437	0.425	0.388	0.418	4.36	3.14	3.53	3.54
RD3.3%-TD1.69%	0.562	0.571	0.536	0.561	0.799	1.356	2.948	1.615
RD3.3%-TD3.32%	0.491	0.506	0.461	0.491	0.621	2.255	1.101	1.558
RD3.3%-TD5.38%	0.456	0.452	0.512	0.468	0.415	2.219	0.616	1.367

图 4-18 显示了沿轧向预压 3.3%随后沿横向预压不同变形量 AZ31 镁合金板的杯突值，从图中可以看出相较原始试样预压试样的杯突值提高得比较明显。原

始试样、预压 1.59%，3.32% 和 5.38% 试样的杯突值分别为 2.83 mm、4.88 mm、5.37 mm 和 5.48 mm，相比原始试样的杯突值分别增加了约 72.44%、89.75% 和 93.64%，因此沿轧向预压 3.3% 随后横向预压 5.38% 试样的冲压成型能力最优，这些变化规律与图 4-12 的变化规律相似。

$$\text{(a)} \qquad\qquad \text{(b)} \qquad\qquad \text{(c)} \qquad\qquad \text{(d)}$$

图 4-18　沿轧向预压 3.3% 随后沿横向预压不同变形量
并在 450 ℃ 退火 2 h 的 AZ31 镁合金板 IE 值
（a）原始试样；（b）预压 1.59%；（c）预压 3.32%；（d）预压 5.38%

参　考　文　献

[1] ZHOU L, YAN R, HE Z, et al. Quasi-in situ observation of extension twinning of AZ31 magnesium alloy under co-directional dynamic compression ［J］. Journal of Alloys and Compounds, 2023, 969：172495.

[2] ZHAO L, ZHU W, CHEN W, et al. An insight into mechanical response and twinning behavior of bimodal textured AZ31 magnesium alloy under quasi-static and high strain rate compression ［J］. Journal of Materials Research and Technology, 2023, 27：4692-4705.

[3] DAGHIGH M, MOHRI M, GHANBARI H, et al. Enhanced deformability of WE43 magnesium alloy by activation of non-basal slip and twinning deformation modes in the equal channel angular pressing at room temperature ［J］. Materials Letters, 2023, 351：135047.

[4] PARAMATMUNI C, DUNNE F P E. Effect of stress-states on non-classical twinning in three-point bending of Magnesium alloys ［J］. International Journal of Mechanical Sciences, 2023, 258：108574.

[5] 周华. 含有拉伸孪晶镁合金的静态再结晶行为研究 ［D］. 重庆：重庆大学, 2015.

[6] LI S, SONG H Y, HAN L, et al. Effect of rare earth element yttrium on migration behavior of twin boundary in magnesium alloys：A molecular dynamics study ［J］. Journal of Materials Research and Technology, 2023, 24：5991-5999.

[7] WANG X, MORISADA Y, FUJII H. Interface strengthening in dissimilar double-sided friction stir spot welding of AZ31/ZK60 magnesium alloys by adjustable probes ［J］. Journal of Materials Science & Technology, 2021, 85：158-168.

[8] MINETA T, SUZUMURA R, KONYA A, et al. Effect of strain-induced grain boundary migration on microstructure and creep behavior of extruded AZ31 magnesium alloy prepared by pre-compression and annealing treatment ［J］. Materials Today Communications, 2023, 34：105502.

[9] CHEN W, WANG X, HU L, et al. Fabrication of ZK60 magnesium alloy thin sheets with improved ductility by cold rolling and annealing treatment ［J］. Materials & Design, 2012, 40：

319-323.

[10] DONG J, ZHANG D, DONG Y, et al. Microstructure evolution and mechanical response of extruded AZ31B magnesium alloy sheet at large strains followed by annealing treatment [J]. Materials Science and Engineering A, 2014, 618: 262-270.

[11] WANG L, JALAR A, DAN L. Dynamic precipitation and dynamic recrystallization behaviors of Mg-Gd-Nd-Zr magnesium alloy during thermal compression deformation [J]. Journal of Materials Research and Technology, 2023, 26: 7634-7648.

[12] ZHANG W, PENG W, HU H, et al. Deformationbehaviour, microstructure evolution and dynamic recrystallization mechanism of AZ31 magnesium alloy under co-extruded by Mg-Al composite billet [J]. Materials Today Communications, 2023, 37: 107435.

[13] ONUKI Y, MASAOKA K, SATO S. Ductile behavior assisted by continuous dynamic recrystallization during high-temperature deformation of calcium-added magnesium alloy AZX612 [J]. Journal of Alloys and Compounds, 2023, 962: 171147.

[14] WANG H, CHEN W, FANG D, et al. Improving low-cycle fatigue life of ZK61 magnesium alloy via basal texture weakening by the compression-extrusion process [J]. Journal of Materials Research and Technology, 2023, 26: 8061-8070.

[15] ZHANG W, PAN J, WANG S, et al. Texture weakening and grain refinement behavior of the extruded Mg-6.03Zn-0.55Zr alloy during hot plane strain compression [J]. Journal of Materials Research and Technology, 2023, 27: 3041-3053.

[16] PENG J H, ZHANG Z, CHENG H H, et al. Texture weakening effect from $\{10\bar{1}1\}$ twins induced static recrystallization in ambient extrusion AZ31 magnesium alloy [J]. Journal of Alloys and Compounds, 2023, 960: 170738.

[17] TIAN J, DENG J, ZHOU Y, et al. Slip behavior during tension of rare earth magnesium alloys processed by different rolling methods [J]. Journal of Materials Research and Technology, 2023, 22: 473-488.

[18] ZHU Y, HOU D, CHEN K, et al. Loading direction dependence of asymmetric response of$<c+a>$ pyramidal slip in rolled AZ31 magnesium alloy [J]. Journal of Magnesium and Alloys, 2023, 11 (10): 3634-3641.

[19] ZHU Y, HOU D, LI Q. Quasi in-situ EBSD analysis of twinning-detwinning and slip behaviors in textured AZ31 magnesium alloy subjected to compressive-tensile loading [J]. Journal of Magnesium and Alloys, 2022, 10 (4): 956-964.

[20] FRYDRYCH K, LIBURA T, KOWALEWSKI Z, et al. On the role of slip, twinning and detwinning in magnesium alloy AZ31b sheet [J]. Materials Science and Engineering: A, 2021, 813: 141152.

5 平面变形预孪晶 AZ31B 镁合金薄板孪生与动态再结晶行为

5.1 概　述

AZ31 镁合金轧板因较差塑性导致成型性能不足，即其钣金件成型能力较差，这是因为室温下可启动滑移系较少，不足以满足 Von-Mises 准则。同样地，预孪晶处理可显著提高镁合金板材室温成型性能。Park 等人[1]通过预孪晶处理从而获得了成型性有卓越提升的 AZ31 镁合金薄板（提升约 65%），He 等人[2]利用预置 $\{10\bar{1}2\}$ 拉伸孪晶将 AZ31 镁合金薄板室温杯突值提升约 50%。这些大幅性能提升是因为 $\{10\bar{1}2\}$ 拉伸孪晶能够将母体取向旋转约 86.3°，并且基于预置 $\{10\bar{1}2\}$ 拉伸孪晶，去孪生与滑移被大量激活以协调镁合金薄板厚度方向应变[1]。众所周知[3]，镁合金中各变形机制激活与否依赖于施密特因子，Xia 等人[4]发现应力状态对施密特因子有显著影响。镁合金薄板平面变形过程应力状态复杂，例如杯突变形过程中其内层与外层所受应力状态完全相反。因此，需要基于内、外层应力状态不同这一特性对镁合金薄板平面变形过程进行分析，特别是探究其内部孪生行为、位错运动和动态再结晶行为等组织演变。

为此，本章以平面变形（杯突）为切入点，设置 5 组变形温度，通过剖析 AZ31B 镁合金薄板内、外层组织演变过程，揭示预孪晶 AZ31B 镁合金薄板平面变形行为规律，尤其是温变形时孪生行为、位错运动、动态再结晶行为及其交互作用。

5.2　实验材料与方法

实验材料为轧制退火态 AZ31B 镁合金板材，板材厚度为 1 mm。将整张 AZ31B 镁合金板材（1000 mm×500 mm）切割为 50 mm×50 mm 方形片，将部分方形片进行预孪晶处理，所用模具如图 1-9（a）所示。预孪晶方向为横向，预孪晶速度为 1 mm/min，压缩量约为 5.2%。预孪晶处理后，试样不进行任何热处理。将所述未预孪晶试样与预孪晶试样分别命名为原始试样（AR 试样）与预孪晶试样（PT 试样）。杯突试验在万能试验机 DNS-200 上进行平面变形，变形前将

AZ31B 薄板按相关国家标准[5]要求涂抹石墨油溶液润滑，平面变形冲头速度为 3 mm/min，平面变形温度为室温、100 ℃、150 ℃、200 ℃与 250 ℃，变形前保温 5 min。将性能测试所得数据参考《金属材料　薄板和薄带　埃里克森杯突试验》(GB/T 4156—2020)[5]所述方法进行后续处理，将小变形试样沿轧向方向切断并保证切割路径经过其穿顶位置，以此保证观察位置为穿顶，观察平面为法向-轧向平面，使用金相与 EBSD 表征分析所观察平面的显微组织。

平面变形所用初始材料与单轴拉伸变形相同，但由于平面变形后试样观察面与单轴拉伸变形后试样观察面不同，故给出原始试样与预孪晶试样 EBSD 沿 TD 方向投影结果，如图 5-1 所示。可见，当观察面变换时，IPF 图颜色将发生明显变化，比如 {10$\bar{1}$2} 孪生取向与母体晶粒取向颜色互换。由图 5-1 (b) 与 (d) 可知，观察面变换并不影响织构类型、分布与强度，仅仅是影响后续描述而已。总而言之，平面变形初始材料与单轴拉伸变形初始材料基本一致。

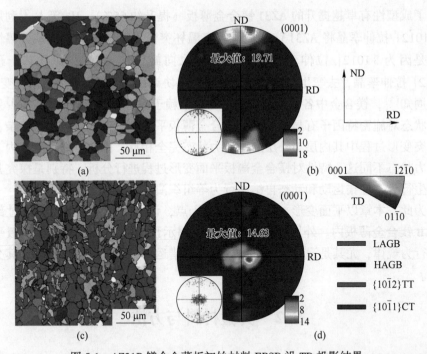

图 5-1　AZ31B 镁合金薄板初始材料 EBSD 沿 TD 投影结果
(a) (b) 原始试样的 IPF 图和 (0001) 极图；(c) (d) 预孪晶试样的 IPF 图和 (0001) 极图

彩图

5.3 室温下预孪晶 AZ31B 镁合金薄板平面变形行为

5.3.1 成型性能

图 5-2 给出了室温下 AZ31B 镁合金薄板杯突过程力-位移曲线及相应小变形后试样图，表 5-1 列出了室温下 AZ31B 镁合金薄板杯突测试结果。可见，原始试样杯突值仅有 3.37 mm，反映了一般 AZ31B 镁合金薄板成型性较差[6]，这是由 AZ31B 镁合金轧板强基面织构决定的，如图 5-1（b）所示（结构强度：19.71）。预孪晶试样杯突值为 3.19 mm，低于原始试样。有大量文献报道称[1,7-10]，预孪晶处理可显著提高 AZ31 镁合金薄板室温成型性能。然而，在研究中未有体现，这可能是因为预孪晶处理后没有进行去应力退火，导致大量加工应力、位错等在试样内残余，这些残余应力、位错组织等在杯突过程中成为裂纹萌生点而导致其破裂比原始试样早。

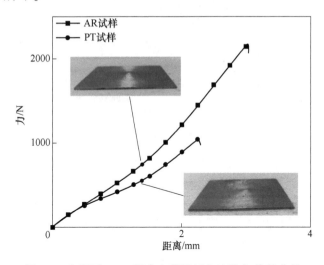

图 5-2 室温下 AZ31 镁合金薄板杯突过程力-位移曲线

表 5-1 室温下 AZ31B 镁合金杯突检测结果

原始试样杯突值 /mm	预孪晶试样杯突值 /mm	预孪晶试样成型性能提升 /%
3.37	3.19	−5.3

5.3.2 AZ31B 镁合金薄板外层去孪生与内层孪晶生长行为

为了解释 AZ31B 镁合金试样室温杯突过程组织演变，图 5-3 给出了小变形试样截断面金相组织。众所周知[10-12]，平面变形非单一应力状态主导，主要体现为外层受拉和内层受压两种应力状态，一般认为这两种应力状态以薄板几何中性层为界。如图 5-3 所示，沿试样中性层划了一条白色虚线用于分离薄板外层与内层，白色虚线上方为外层而下方是内层，显然，试样内、外层形貌差异巨大。

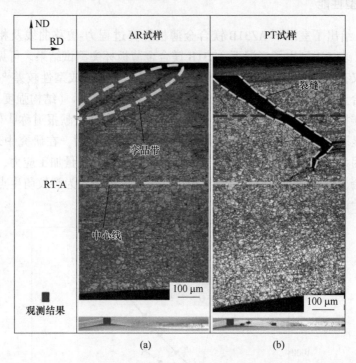

图 5-3 室温（RT）下 AZ31B 镁合金薄板杯突小变形试样的金相组织

对于原始试样（AR 试样），其外层出现了明显孪晶带，如图 5-3（a）白色虚线框所示。众所周知[13-14]，镁合金中孪晶类型可分为两种：拉伸孪晶和压缩孪晶，形成这两种孪晶所需应力状态完全相反，分别为平行 c 轴受拉或垂直 c 轴受压、平行 c 轴受压或垂直 c 轴受拉。对于原始试样，其外层应力状态对应了垂直 c 轴受拉，符合压缩孪晶形成条件，因此图 5-3（a）中所观察孪晶带应该由压缩孪晶构成。相应地，内层应力状态为垂直 c 轴受压，适合拉伸孪晶形成，因此在图 5-3（a）内层区域边缘附近所观察孪晶应是拉伸孪晶。有趣的是，试样外层所出现的压缩孪晶带与表面呈一定角度。

对于预孪晶试样（PT 试样），虽然所受应力状态与原始试样一致，但是其内部存在初始 {10$\bar{1}$2} 初始孪晶使晶粒 c 轴偏转近 90°，因此其组织演变显著不同。如图 5-3（b）所示，预孪晶试样外层可观察到不含初始 {10$\bar{1}$2} 孪晶片层的晶粒，为将含有 {10$\bar{1}$2} 孪晶片层与不含 {10$\bar{1}$2} 孪晶片层的晶粒区分，画了一条白色虚线，白色虚线上方为无孪晶区而下方为有孪晶区。前文提及去孪生在反向加载条件下最易激活、在部分非反向加载情况下也可启动，而试样外层所受应力状态存在这类可启动去孪生的应力分量，比如沿 TD 拉伸分量，因而初始 $\{10\bar{1}2\}$ 孪晶片层消失应是去孪生所致。在预孪晶试样外层可观察到明显裂痕（见图 5-3 (b) 白色箭头处），表明此时试样已经失效，但是其变形量在图 5-2 对应杯突曲线中仍处于未破裂状态，这可能是因为裂纹未贯穿试样（由图 5-3 可见裂纹仅延伸试样一半厚度），因而试样仍存在变形能力使杯突曲线继续上升。另外，裂纹与试样表面存在明显夹角，该角度与图 5-3 (a) 中所观察压缩孪晶带与试样表面所成夹角相似；有研究称[15-17]，镁合金中压缩孪晶与裂纹萌生、试样破裂有重要关系，而前者往往是后者的成因。因此，图 5-3 (b) 中裂纹应是压缩孪晶带诱成，而图 5-3 (a) 中压缩孪晶带有可能在后续变形中诱发试样破裂。在图 5-3 (b) 内层区域中观察到大量孪晶，这些孪晶大部分是预孪晶处理时形成的，并且越靠近试样下缘，孪晶片层越窄、孪晶界越少、无孪晶晶粒越多，这些现象说明内层 $\{10\bar{1}2\}$ 拉伸孪晶在变形过程中不断长大并最终吞噬母晶成为完整晶粒。

5.3.3 施密特因子分析

在镁合金塑性变形行为研究中，施密特因子常用于预测各变形机制开动的可能性，然而，传统施密特因子计算局限于单轴应力状态，无法应用于本书研究中平面变形。因此，为了预测平面变形过程各变形机制开动的可能性，需要引入广义施密特因子[18]进行分析。一般而言，广义施密特因子取值范围不再是 0~0.5，为了直观分析，将广义施密特因子取值范围进行归一化处理，使之取值区间为 [0, 0.5]。Nakata 等人指出[12]，杯突过程平面应力状态可简化为双轴应力状态分析，因此，将平面拉伸应力（PE）与平面压缩应力（PC）下原始试样与预孪晶试样各变形机制施密特因子计算结果给出，如图 5-4 所示。

显然，不论是原始试样还是预孪晶试样，平面拉伸应力和平面压缩应力对各滑移系施密特因子几乎没有影响，表明试样平面变形过程中内、外层所开动滑移系可能性是相似的。对于 $\{10\bar{1}2\}$ 拉伸孪生而言，平面应力状态对其施密特因子影响显著，如图 5-4 所示，在原始试样中平面拉伸应力下 $\{10\bar{1}2\}$ 拉伸孪生施密特因子几乎为 0（均值为 0.03），而平面压缩应力下其施密特因子几乎为最大值（均值为 0.42），这解释了图 5-3 (a) 中试样外层无孪晶而内层出现孪晶，排除了其外层孪晶带是 $\{10\bar{1}2\}$ 拉伸孪晶的可能，肯定了内层所观察孪晶是 $\{10\bar{1}2\}$ 拉伸孪晶。预孪晶试样施密特因子计算结果与原始试样几乎相反，其平面拉伸应力下 $\{10\bar{1}2\}$ 拉伸孪生较易开动（均值为 0.33），而平面压缩应力下 $\{10\bar{1}2\}$ 拉伸孪生不易开动（均值为 0.10），表明预孪晶试样外层易发生 $\{10\bar{1}2\}$ 拉伸孪生

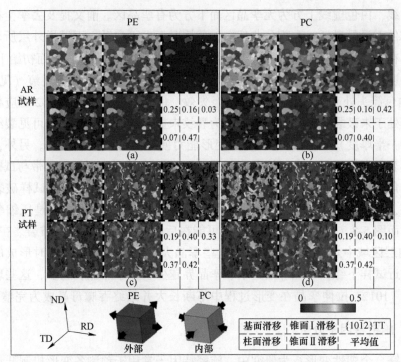

图 5-4 原始试样和预孪晶试样在平面拉伸应力 (PE) 与
平面压缩应力 (PC) 下各变形机制施密特因子

而内层反之。进一步地，在图 5-4 (c) 中预孪晶试样内同时存在施密特因子约为 0.5 和约为 0 的晶粒，其中施密特因子约为 0.5 的晶粒是初始 $\{10\bar{1}2\}$ 孪晶片层 而施密特因子约为 0 的晶粒是初始母晶，这是因为孪晶片层与母晶取向相差约 90°。在图 5-4 (d) 中，预孪晶试样内施密特因子分布出现截然相反结果，即施密特因子约为 0.5 的晶粒是初始母晶，而施密特因子约为 0 的晶粒是初始 $\{10\bar{1}2\}$ 孪晶片层。因此，在平面拉伸应力下，初始 $\{10\bar{1}2\}$ 拉伸孪晶易发生去孪生，故试样外层出现无孪晶区；而在平面压缩应力下，初始母晶易发生 $\{10\bar{1}2\}$ 孪晶长大，故试样内层出现完整孪晶晶粒而非片层。值得注意的是，$\{10\bar{1}2\}$ 拉伸孪生在母晶取向晶粒中是 $\{10\bar{1}2\}$ 孪晶形核与长大，而其在孪晶取向晶粒中是去孪生。图 5-4 中的施密特因子结果表明，$\{10\bar{1}2\}$ 拉伸孪生在预孪晶试样内、外层扮演了不同角色，对于外层而言是去孪生而内层是孪晶生长。这是因为外层平面拉伸应力可以分解为 TD 和 RD 拉伸，其中 TD 拉伸即为去孪生最优加载方向（反向拉伸）；同理，内层平面压缩应力可以分解为 TD 和 RD 压缩，其中 TD 压缩有助于初始 $\{10\bar{1}2\}$ 孪晶生长，二者作用对象分别是初始孪晶和初始母晶。

5.4 温条件下预孪晶 AZ31B 镁合金薄板平面变形行为

5.4.1 成型性能与金相组织形貌

图 5-5 给出了原始试样（AR 试样）与预孪晶试样（PT 试样）在温条件下杯突曲线及相应小变形试样，表 5-2 列出了温条件下杯突测试结果。可见，当变形温度升高时，预孪晶试样成型性能优于原始试样，这是因为预孪晶试样内残余加工缺陷在变形前保温过程得到一定释放；并且，随着温度升高，预孪晶试样成型性能提升比升高，并在 200 ℃下达到最优（约 39.5%），表明温升有助于残余缺陷释放。显然，这些温度下性能提升不及相关文献的报道结果，Chapuis 等人[19]称，AZ31 镁合金在室温下非基面滑移难以开动，但在温条件下，非基面滑移临界剪切应力大幅下降，因此原始试样成形性得到提升。在 250 ℃下，预孪晶试样

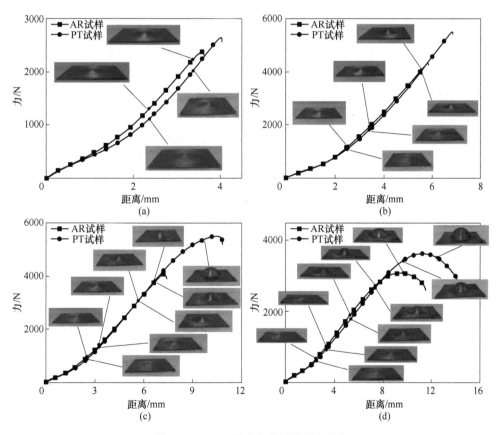

图 5-5 AZ31B 镁合金薄板的杯突曲线

(a) 100 ℃；(b) 150 ℃；(c) 200 ℃；(d) 250 ℃

成型性能提升较 200 ℃ 出现下滑，并且试样破裂位置在其与压模圆弧接触部分而非穿顶。这说明试样失效更多是因为所用模具形状尺寸限制而非材料达到塑性极限，因此，250 ℃ 下试样杯突值作为参考更合适。此外，由图 5-5 (d) 可知，试样在 250 ℃ 下所呈杯突曲线明显不同于其他温度下，即出现了载荷随位移缓慢下降情况，这是很可能因为试样出现了类似颈缩的现象，表明此时试样加工软化效应明显强于加工硬化。

表 5-2   各温度下 AZ31B 镁合金薄板杯突检测结果

温度 /℃	原始试样杯突值 /mm	预孪晶试样杯突值 /mm	预孪晶试样成型性能提升 /%
100	4.24	4.77	12.5
150	6.52	7.57	16.1
200	8.10	11.30	39.5
250	11.76	14.46	23.0

为了解释预孪晶试样成型性能如何提升，需要对其组织演变进行全面分析，综合 100 ℃、150 ℃ 和 200 ℃ 下预孪晶 AZ31B 镁合金薄板杯突过程组织演变分析，可以发现当温度升高时，试样外层压缩孪晶不再出现，意味着有其他变形机制参与变形、协调应变；同时，试样内层出现去孪生现象。当变形温度达到 200 ℃ 时，原始试样中出现明显动态再结晶行为，预孪晶试样中去孪生与动态再结晶共存。温度稍低（150 ℃）时，原始试样无法观察到动态再结晶行为；而温度稍高（250 ℃）时，预孪晶试样中无法观察到去孪生行为。同时，考虑到 200 ℃ 下预孪晶试样成型性能提升最为显著（约 39.5%），后续深入探究预孪晶 AZ31B 镁合金薄板平面变形过程 $\{10\bar{1}2\}$ 拉伸孪生行为、动态再结晶、位错运动及交互作用应以 200 ℃ 下试样为切入点。为此，对图 5-6 中白色虚线框内区域Ⅰ~区域Ⅷ进行 EBSD 表征分析。

5.4.2 $\{10\bar{1}2\}$ 拉伸孪生与去孪生行为

图 5-6 (f) 中区域Ⅰ和图 5-6 (h) 中区域Ⅱ均被灰色虚线穿过中央但分别位于预孪晶试样外层和内层，这两个区域应当可以较好反映预孪晶 AZ31B 镁合金薄板内、外层 $\{10\bar{1}2\}$ 拉伸孪生行为。因此，给出它们的 EBSD 表征结果，分别如图 5-7 和图 5-8 所示，给出了区域Ⅰ和区域Ⅱ的 IPF 图、晶界图及取向差角统计图。

显然，区域Ⅰ内仍存在大量 $\{10\bar{1}2\}$ 拉伸孪晶，由图 5-7 (c) 可知它们占约 13.7%。与 PT 试样相比（见图 5-1 (c)），区域Ⅰ内晶粒取向以蓝色和绿色为主

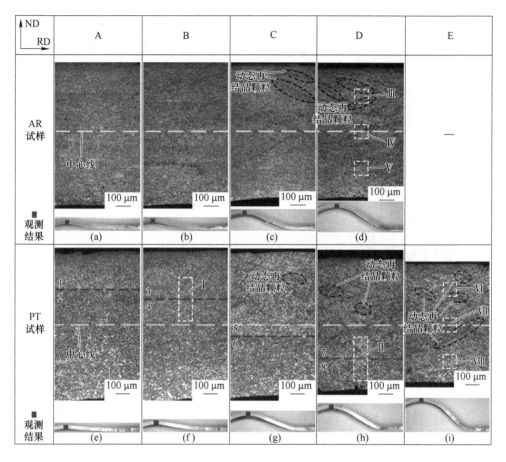

图 5-6　200 ℃下 AZ31B 镁合金薄板杯突小变形试样的金相组织

（见图 5-7（a）），表明大部分晶粒 c 轴朝向 ND，说明去孪生行为大量参与塑性变形。大量文指出[20-21]，去孪生在反向加载过程中最易激活，且初始 $\{10\bar{1}2\}$ 拉伸孪晶在反向加载应变达到预孪晶加载应变时湮灭。然而，这些研究均是基于单轴拉伸变形而言，其试样变形量容易测量。本章中，预孪晶处理过程是压缩应变而后续杯突变形是平面应变，二者变形量难以统一，故而无法明确区域 Ⅰ 所处应变量是否达到预孪晶变形量。但是，可以认为此时（变形量为 B）预孪晶试样外层平面拉伸应变并未达到预孪晶时的应变水平。图 5-7（a）上部残余 $\{10\bar{1}2\}$ 拉伸孪晶较下部的少，与图 5-6 中所观察预孪晶试样梯度形貌呼应。

　　在区域 Ⅱ 中，残余 $\{10\bar{1}2\}$ 拉伸孪晶鲜有观察，如图 5-8（a）所示，表明去孪生行为随平面变形量增加而继续进行，同时肯定了预孪晶试样内层发生去孪生的事实。显然，更少的残余 $\{10\bar{1}2\}$ 拉伸孪晶表明区域 Ⅱ 所积累拉伸应变更大，

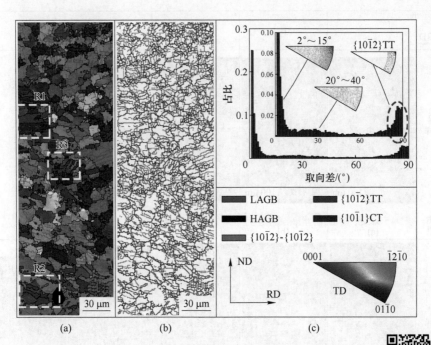

图 5-7　图 5-6 (f) 中区域 I 的 EBSD 表征结果

(a) IPF 图；(b) 晶界图；(c) 取向差角统计图

彩图

说明当试样整体变形量增加至 D 时，试样内层所产生的拉伸应变较变形量为 B 时试样外层所产生的拉伸应变大。这反映了预孪晶试样杯突过程存在快速减薄的过程，即当变形量从 B 升至 D 时，试样内层从压缩应变状态快速变化为拉伸应变状态，且变形量 D 时拉伸应变超过变形量 B 时外层拉伸应变。此外，对比图 5-7 (c) 和图 5-8 (c) 中关于 20°~40°取向差，可以发现区域 II 中该取向差范围更集中、峰值更高，说明动态再结晶行为更剧烈、更完全。值得一提的是，在区域 I 和区域 II 中均发现 $\{10\bar{1}2\}$-$\{10\bar{1}2\}$ 孪晶界，且区域 I 中数量更多，表明预孪晶试样平面变形过程中存在 $\{10\bar{1}2\}$-$\{10\bar{1}2\}$ 二次孪晶行为，且该二次孪晶在平面拉伸应力状态下更易形成。

　　为了进一步探究预孪晶试样中内、外层 $\{10\bar{1}2\}$ 拉伸孪生行为，在区域 I 和区域 II 中选取 R1~R6 六个区域进行详细分析，结果如图 5-9 和图 5-10 所示。前文提及，$\{10\bar{1}2\}$ 拉伸孪生关系中孪晶与母晶取向差为 86.3°，且误差为 5°。显然，R1~R3 中的晶粒关系完全符合 $\{10\bar{1}2\}$ 拉伸孪生关系，如 R3 中孪晶 T1、T2 与母晶 M 的共用轴为 <$11\bar{2}0$>，取向差角与 86.3°，误差不超过 5°。然而，在 R4~R6 中存在与标准 $\{10\bar{1}2\}$ 拉伸孪生关系有偏差的孪生关系，如图 5-10 (a) 所示，R4 中孪晶 T 与母晶 M 共用轴为 <$11\bar{2}0$> 而其取向差角仅有 70.3°（或

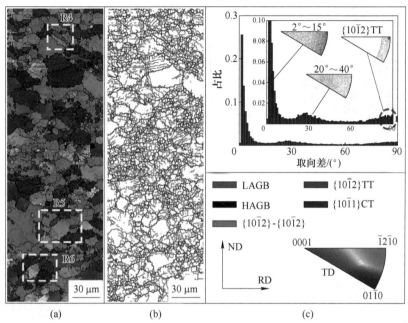

(a)　　　　　　　　(b)　　　　　　　　(c)

图 5-8　图 5-6（i）中区域Ⅱ的 EBSD 表征结果

（a）IPF 图；（b）晶界图；（c）取向差角统计图

彩图

71.8°）。通过前文分析可知，区域Ⅰ和区域Ⅱ存在两点不同：平面应力状态与平面变形量，这两点均有可能是 R4 中出现偏差孪生关系的诱因。上文已知预孪晶试样内层应变状态由压缩转化为拉伸，并且区域Ⅱ内拉伸应变应当大于区域Ⅰ内拉伸应变。同时，此类偏差孪生关系应当是由初始 $\{10\bar{1}2\}$ 拉伸孪晶演化而来，则其边界角度变化过程应该是由 86.3° 向更小取向差转变。那么，如果导致其出现的主要原因是平面变形量，则更大平面拉伸应变下应出现更小取向差角。所以，R4 中所观察孪生关系应当较为常见或主要分布于图 5-8（a）下半部分，然而，该孪生关系在区域Ⅱ（见图 5-8）中并不常见且 R4 发现于图 5-8（a）上半部分。因此，导致这种偏差孪生关系出现的主要原因极可能是平面应力状态，若要确定哪个因素是主要原因，需要对同一试样不同应力状态进行分析。此外，之前的研究中也发现有类似偏差孪生关系。而孪生关系与动态再结晶行为密不可分，并且影响着单轴拉伸行为。所以，R4 中出现偏差孪生关系很可能与动态再结晶相关并且影响平面变形行为。

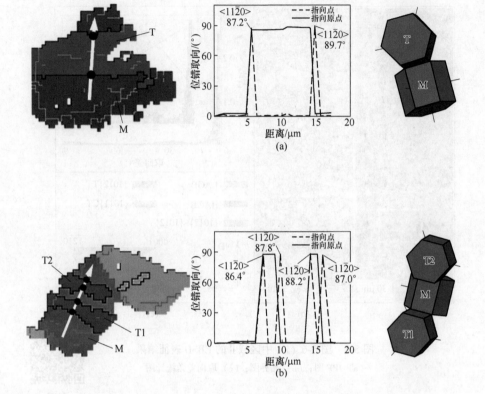

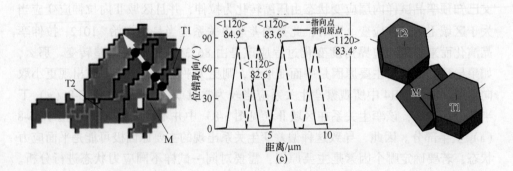

图 5-9 图 5-7 中白色虚线框区域内细节

(a) R1; (b) R2; (c) R3

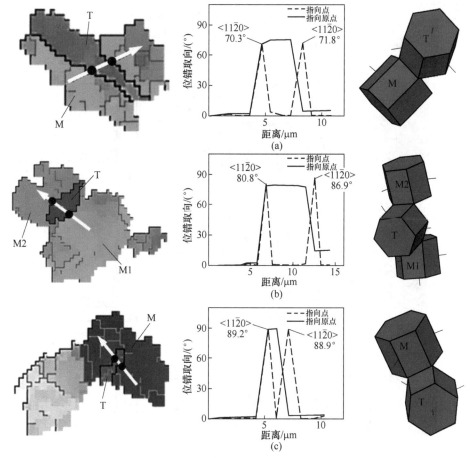

图 5-10 图 5-8 中白色虚线框区域内细节
(a) R4; (b) R5; (c) R6

5.4.3 动态再结晶行为及其对 {10$\bar{1}$2} 拉伸孪生的影响

为了探究预孪晶 AZ31B 镁合金内、外层动态再结晶行为，选择图 5-6 (j) 所示预孪晶试样区域 Ⅵ~Ⅷ进行 EBSD 表征分析，同时选取图 5-6 (d) 所示原始试样区域 Ⅲ~Ⅴ进行分析比较，分别如图 5-11 和图 5-12 所示。

可见，区域 Ⅵ~Ⅷ 中大部分晶粒取向是蓝色和绿色，即它们的 c 轴朝向 ND，如图 5-11 (a)、(d) 和 (g) 所示，说明此时预孪晶试样以基面取向为主；并且绝大部分晶粒内不含 {10$\bar{1}$2} 拉伸孪晶片层，表明去孪生已基本完成。在区域 Ⅵ~Ⅷ 中可观察到大量小角度晶界，而小角度晶界是连续动态再结晶的重要证据之一[22]。根据前文对晶粒分类方法，将区域内组织划分为再结晶晶粒、亚晶粒

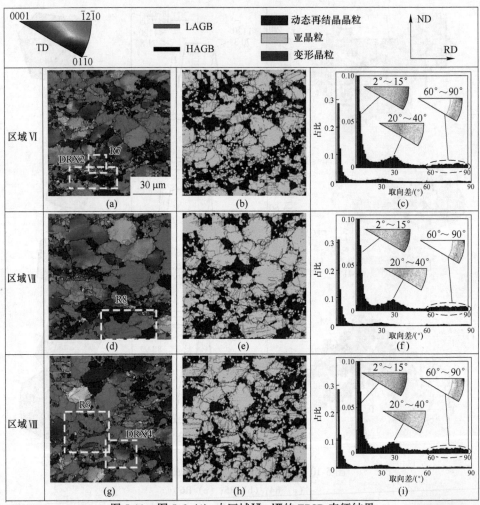

图 5-11　图 5-6（j）中区域 Ⅵ ~ Ⅷ 的 EBSD 表征结果
（a）（d）（g）IPF 图；（b）（e）（h）再结晶图；
（c）（f）（i）取向差角统计图

和变形晶粒，结果如图 5-11（b）、（e）和（h）所示。显然，亚晶粒结构在三个组织内部均占主导地位，而亚晶粒结构是连续动态再结晶的又一重要证据[23]。小角度晶界和亚晶粒主导地位在区域 Ⅵ 和 Ⅷ 中均有体现，而这两个区域平面应力状态完全相反，说明平面应力状态对动态再结晶类型应当没有影响。此外，在预孪晶试样三个区域内均有少许 60°~90° 取向差角分布，如图 5-11（c）、（f）和（i）所示，这是因为动态再结晶过程影响了去孪生行为，即动态再结晶行为发生于初始 {101̄2} 拉伸孪晶界并生成具有一定 {101̄2} 拉伸孪晶取向的动态再结晶晶粒，这部分动态再结晶晶粒与完成去孪生的晶粒保持着 60°~90°

取向差角。

为了对比分析，图 5-12 是原始试样中区域Ⅲ~Ⅴ的 EBSD 表征结果。显然，在区域Ⅲ~Ⅴ存在大量小角度晶界，如图 5-12（a）、（d）和（g）所示；同时，三个区域再结晶图表明原始试样中以亚晶粒结构为主。这两个连续动态再结晶重要证据表明，在原始试样中所发生动态再结晶类型也是连续动态再结晶，所以，预置 $\{10\bar{1}2\}$ 拉伸孪晶并不影响 AZ31B 镁合金薄板平面变形动态再结晶类型。但是，对比原始试样和预孪晶试样可以发现，原始试样中动态再结晶小晶粒明显较少，说明其动态再结晶程度不如预孪晶试样，这与相关文献[24-25]报道预置 $\{10\bar{1}2\}$ 拉伸孪晶有效增强动态再结晶行为相印证。

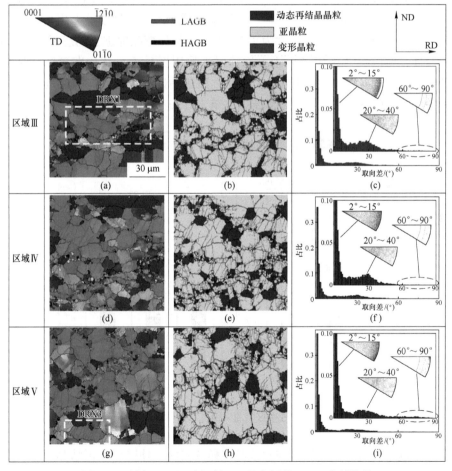

图 5-12　图 5-6（d）中区域Ⅲ~Ⅴ表征的 EBSD 表征结果

（a）（d）（g）IPF 图、（b）（e）（h）再结晶图；

（c）（f）（i）取向差角统计图

彩图

图 5-13 给出了图 5-6 中区域Ⅲ～Ⅷ再结晶体积分数统计图。显然，对于原始试样而言，各区域动态再结晶晶粒随平面应力状态更替而变化。区域Ⅲ所受应力状态为平面拉伸应力，其动态再结晶晶粒占 22.2%；区域Ⅳ处于样品中央，属于过渡位置，其动态再结晶晶粒占 19.7%；区域Ⅴ所受应力状态为平面压缩应力，其动态再结晶晶粒占 17.7%。可见，随应力状态由平面拉伸向平面压缩转变，原始试样中动态再结晶晶粒逐渐减少，表明平面拉伸应力状态更有利于动态再结晶行为，这与图 5-6 中原始试样外层优先出现动态再结晶晶粒呼应。相应地，随着平面应力状态由平面拉伸变为平面压缩，原始试样中亚晶粒结构逐渐增加，即 74.1%（区域Ⅲ）、76.1%（区域Ⅳ）和 78.9%（区域Ⅴ）。然而，预孪晶试样中并没有如此规律。如图 5-13 所示，区域Ⅵ～Ⅷ中动态再结晶晶粒体积分数分别为 27.2%、22.2% 和 24.5%。显然，预孪晶试样中三个区域中动态再结晶晶粒体积分数均高于原始试样，这是因为预置 $\{10\bar{1}2\}$ 拉伸孪晶促进了动态再结晶行为。进一步地，在内层（区域Ⅷ）中，这种促进作用更显著，其动态再结晶晶粒体积分数超过了过渡区域（区域Ⅶ）。如此，预孪晶试样中内层与外层动态再结晶行为更均匀，降低了内、外层组织差异，有利于整体均匀变形。

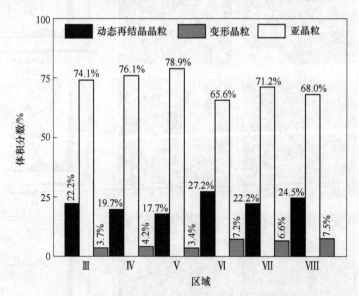

图 5-13   图 5-6 中区域Ⅲ～Ⅷ再结晶体积分数统计图

为了进一步研究原始试样和预孪晶试样及其内、外层动态再结晶行为，选取图 5-6 中的区域Ⅲ、区域Ⅴ、区域Ⅵ和区域Ⅷ中部分晶粒进行细致分析，并将其分别命名为 DRX1、DRX3、DRX2 和 DRX4，如图 5-12（a）和（g）、图 5-11（a）和（g）白色虚线框所示，其结果如图 5-14 所示。由图 5-14（c）（g）（k）和

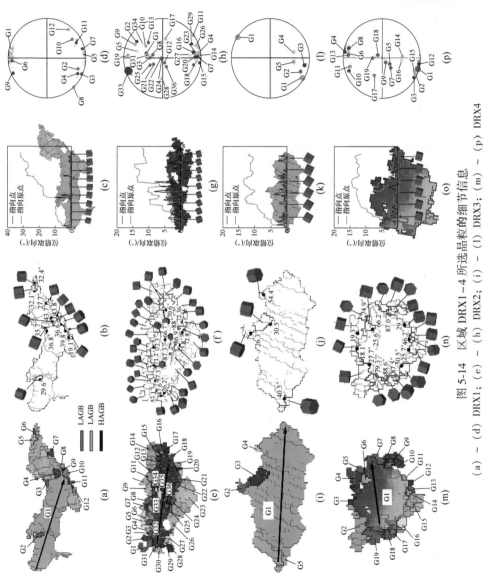

图 5-14 区域 DRX1～4 所选晶粒的细节信息

(a) ～ (d) DRX1; (e) ～ (h) DRX2; (i) ～ (l) DRX3; (m) ～ (p) DRX4

(o) 可见，不论是预孪晶试样还是原始试样、是处于内层还是外层，所选晶粒点至原点曲线呈上升状。如此上升状曲线表明晶粒内部存在大量晶格畸变、位错塞积等，表明所选晶粒内发生了连续动态再结晶。因此，结合前文所描述小角度晶界、亚晶粒结构等特征，可以肯定原始试样和预孪晶试样内动态再结晶类型以连续动态再结晶为主，且该主导类型不受平面应力状态影响。图 5-13 中提及平面拉伸应力状态下动态再结晶行为更剧烈，该点在图 5-14 中也有体现。对比原始试样外层 DRX1（见图 5-14（a））与内层 DRX3（见图 5-14（i））、预孪晶试样外层 DRX2（见图 5-14（e））与内层 DRX4（见图 5-14（m）），显然，外层小晶粒数量更多（DRX1 中有 11 个，DRX2 中有 31 个），而内层小晶粒数量较少（DRX3 中有 4 个，DRX4 中有 18 个），这一重要表现进一步证实了平面拉伸应力状态对动态再结晶行为具有促进作用。此外，从（0001）散点极图可以发现，在 DRX2 和 DRX4 中有部分晶粒既不分布在两端（基面取向）也不分布在中央（$\{10\bar{1}2\}$ 孪生取向），如图 5-14（h）中的 G10、G13 和 G34 等及图 5-14（p）中的 G14 和 G16，这些可能是图 5-11 中所述 60°~90° 取向来源，其成因应该是动态再结晶对初始 $\{10\bar{1}2\}$ 拉伸孪晶界的影响。但是，在图 5-14（l）中发现 G4 和 G5、图 5-14（d）中发现 G10 和 G12 有类似分布，表明该类晶粒取向在原始试样中也会产生。

在图 5-12（c）、（f）和（i）中完全没有 60°~90° 取向差角分布，这进一步印证了预孪晶试样中所出现 60°~90° 取向差角是由初始 $\{10\bar{1}2\}$ 拉伸孪生取向继承而来，表明动态再结晶与去孪生行为是同时发生的，那么，二者必然存在相互作用关系。为了探究二者内在联系，图 5-15 给出了预孪晶试样变形量为 E 时内层、外层及过渡区域孪晶片层信息，即图 5-11 中白色虚线框内区域 R7~R9。显然，区域 R7 中 $\{10\bar{1}2\}$ 拉伸孪生关系保持较好，仅有一处取向差角较低，为 74.8°。说明预孪晶试样外层虽然动态再结晶行为更剧烈，但是初始 $\{10\bar{1}2\}$ 拉伸孪生关系几乎不受影响，那么原 $\{10\bar{1}2\}$ 拉伸孪晶界可以较好发生去孪生。在过渡区域 R8，孪晶界取向差角仅有约 70°，表明随着区域内移，孪晶界取向差角减小，进一步地，在区域 R9 中，孪晶界取向差角减小至 60° 左右。在预孪晶试样内层，动态再结晶较为缓和，但其对 $\{10\bar{1}2\}$ 孪晶界影响较重。总之，动态再结晶在其比较剧烈的区域对初始 $\{10\bar{1}2\}$ 拉伸孪晶影响较浅，而在其比较缓和的区域对初始 $\{10\bar{1}2\}$ 拉伸孪晶界有较深影响，这与直观判断明显相悖，为了解释该问题，需要考虑平面变形过程内、外层应变差异。

5.4.4　IGMA 分析与位错运动

图 5-4 探究了原始试样和预孪晶试样平面拉伸和平面压缩应力下滑移系开动可能性，然而，如前文所述，杯突过程中，试样内变形情况复杂，存在材料流

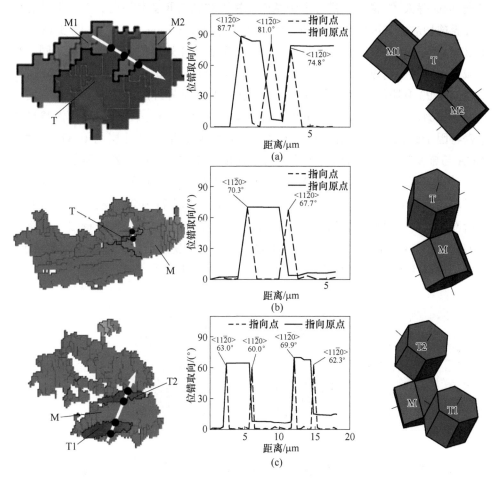

图 5-15 图 5-11 中白色虚线框区域内孪晶片层的细节信息
(a) R7；(b) R8；(c) R9

动、整体拉应变等情况。为了进一步探究试样平面变形过程中位错运动情况，需
要对内、外层区域进行晶内取向差轴分析（in-grain misorientation axes，IGMA），
结果如图 5-16 和图 5-17 所示。在本书研究中，进行 IGMA 分析时，将取向差角
阈值设置为 0.5°~2°，选取该范围是为了避免其他变形组织干扰，如剪切带、扭
折带等，该阈值与 Zhu 等人所选相似[26]。据 Chun 等人介绍[27-28]，在镁合金中，
位错滑移所产生晶格畸变视滑移系而定，具体为基面和锥面Ⅱ型滑移使晶胞绕
<uvt0>轴转动而柱面滑移使晶胞绕<0001>轴转动，其结果可以在 IGMA 分布图中
得到反馈。如图 5-16（a）所示，区域Ⅲ中所选晶粒 IGMA 分布主要位于<uvt0>
处，表明其内部位错运动主要以基面和锥面Ⅱ型为主。由图 5-4（a）可知，在原
始试样外层（区域Ⅲ），锥面Ⅱ型滑移施密特因子比基面滑移施密特因子高，并

且据 Bong 等人[29]描述，镁合金中基面、柱面和锥面Ⅱ型滑移在 200 ℃下具有相近临界剪切应力。因此，根据施密特因子定律（$\tau = \sigma\cos\lambda\cos\phi$），图 5-16（a）中 IGMA 分布应是锥面Ⅱ型滑移为主导。预孪晶试样外层位错运动明显不同，在区域Ⅵ中，除了明显<uvt0>分布，还发现了<0001>分布，如图 5-16（b）所示，晶粒 P1~P3 有明显<0001>分布。这说明在预孪晶试样外层，柱面滑移确有发生且明显比原试始样外层剧烈。同时，图 5-4（a）和（c）试样外层柱面滑移平均施密特因子结果，即原始试样外层为 0.07 而预孪晶试样外层为 0.37。如此，IGMA 与施密特因子分析均说明柱面滑移在预孪晶试样中更剧烈。但是，图 5-16（b）中并非所有晶粒都有明显柱面滑移。由图 5-4（c）可知，柱面滑移施密特因子较高的晶粒属于 $\{10\bar{1}2\}$ 拉伸孪晶取向，而去孪生行为会使这部分晶粒消失，此后晶粒取向与原始试样相同（基面取向），则柱面滑移平均施密特因子骤降至 0.07（见图 5-4（a））。因此，柱面滑移应当发生于变形前期，即去孪生完成前，而变形后期应是锥面Ⅱ型滑移主导位错运动，因而出现了<uvt0>分布。

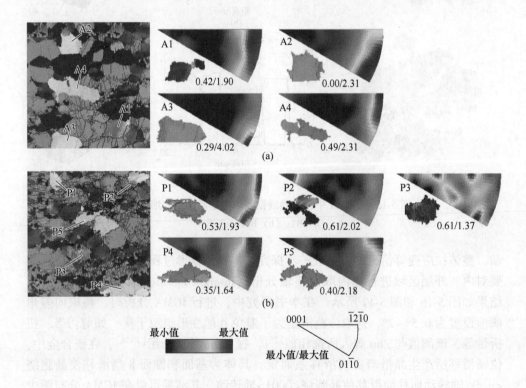

图 5-16　原始试样和预孪晶试样外层区域 IGMA 分析结果

(a) 图 5-6 区域Ⅲ；(b) 图 5-6 区域Ⅵ

图 5-17 给出了原始试样和预孪晶试样内层区域 IGMA 分析结果。显然，在原始试样中，仍然是<uvt0>分布为主，表明其内层位错运动也是锥面Ⅱ型主导。在预孪晶试样中，各晶粒 IGMA 分布以<uvt0>为主，<0001>分布几乎不见。这与图5-4（d）中关于柱面滑移开动性预测显然矛盾，说明在预孪晶试样杯突过程中，虽然内、外层所受应力状态均有利于柱面滑移开动，但其内层柱面滑移行为不如外层显著。这可能是因为试样实际变形过程中，材料流动情况复杂，用简单双轴应力状态预测位错运动不完全准确。因此，要准确预测温条件下预孪晶 AZ31B镁合金平面变形过程位错运动，需要借助其他理论模型，本书研究不涉及。

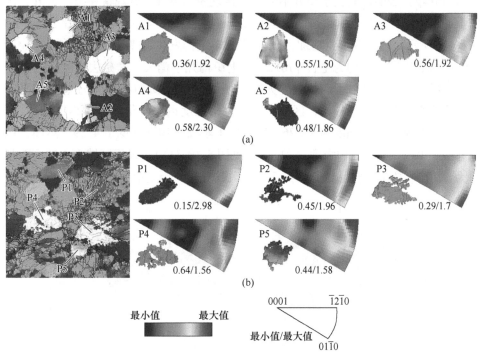

图 5-17 原始试样和预孪晶试样内层区域 IGMA 分析结果
（a）图 5-6 区域Ⅴ；（b）图 5-6 区域Ⅷ

5.4.5 织构演化

前文讨论了组织形貌受平面应力状态影响并导致内、外层组织演化过程存在差异。此外，杯突过程中试样织构也可能受平面应力状态影响，因此，通过图5-6 区域Ⅰ~Ⅷ的 {0001} 极图分析预孪晶试样的织构演化。

图 5-1（d）给出了预孪晶样品初始状态 {0001} 极图，显然，极图中有两种织构，即具有 ND 取向的基面织构和具有 TD 取向的 {10$\bar{1}$2} 孪生织构。为了具体讨论两种不同织构，将区域Ⅰ和区域Ⅱ的 {0001} 极图整体织构划分为

{10$\bar{1}$2} 孪生织构、基面织构和其余织构，结果如图 5-18 所示。其中，{10$\bar{1}$2} 孪生织构为具有 TD 取向的晶粒集合，取向偏差角为 30°；基面织构为具有 ND 取向的晶粒集合，取向偏差角为 30°；剩余晶粒构成其余织构。图 5-1 (d) 表明预孪晶试样初始状态以 {10$\bar{1}$2} 孪生取向为主，且织构强度达 14.63；然而，在图 5-18 (a) 中观察到区域 I 以基面取向为主，且织构强度为 14.53。这是因为此时预孪晶试样外层发生了去孪生行为，使大部分初始 {10$\bar{1}$2} 拉伸孪晶消失，组织中基面取向重新占据主导地位。但是，在图 5-18 (a) 中仍能观察到 {10$\bar{1}$2} 孪生取向分布，表明此时去孪生并不完全，该现象与图 5-7 所观察一致。另外，区域 I 的 {10$\bar{1}$2} 孪生织构和基面织构强度分别为 19.78 和 23.45，如图 5-18 (b) 和 (c) 所示。随着变形量增加，预孪晶试样织构发生改变。如图 5-18 (e) 所示，区域 II 以基面织构为主且 {10$\bar{1}$2} 孪生织构几乎消失，这是去孪生行为进一步发生所致，并且区域 II 织构强度为 13.52，略低于区域 I，说明动态再结晶行为弱化了织构强度。同样地，区域 II 基面织构强度也被弱化，如图 5-18 (g) 所示，区域 II 基面织构强度为 19.26，较区域 I 基面织构强度低了 4.19。然而，区域 II 中 {10$\bar{1}$2} 孪生织构强度为 21.07 (见图 5-18 (f))，强于区域 I，这可能是因为 {10$\bar{1}$2} 孪生取向晶粒所剩无几，导致其分布更为集中而使织构强度变大。

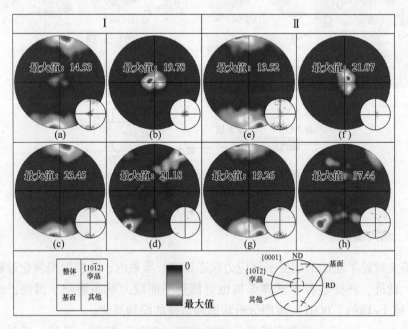

图 5-18   区域 I 和区域 II 的 {0001} 极图

(a) ~ (d) 区域 I；(e) ~ (h) 区域 II

　　区域Ⅰ和区域Ⅱ分属预孪晶试样不同变形量下外层和内层，虽能反映平面变形过程中去孪生与动态再结晶对织构的影响，但不适合分析平面应力状态对织构影响。因此，图 5-19 和图 5-20 分别给出了原始试样和预孪晶试样选定区域 {0001} 极图，以分析平面应力状态对织构演化所造成的影响。

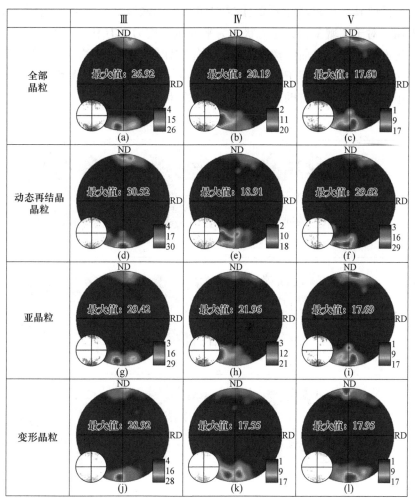

图 5-19　区域Ⅲ~Ⅴ各组分 {0001} 极图及其相应散点极图

　　在原始试样中，不论是内层还是外层，均表现出较强基面织构，其中，区域Ⅳ基面织构强度为 20.19（见图 5-19（b）），与原始试样初始状态（19.71）相近，说明原始试样几何中性层基面织构在平面变形过程中基本不受影响。区域Ⅲ基面织构强度为 26.92（见图 5-19（a）），明显高于 19.71，表现出了基面织构强化效应，相似地，Lee 等人[30]曾报道 AZ31 镁合金板三点弯曲后外层基面织构增强。然而，区域Ⅴ表现出完全相反的结果，如图 5-19（c）所示，区域Ⅴ基面织构强度为 17.60，明显低于原始试样初始状态，表现为基面织构弱化效应。区域 Ⅲ和区域Ⅴ所表现截然相反结果有可能是不同平面应力状态所致，即平面拉伸应力使基面织构强化而平面压缩应力使基面织构弱化。对于区域Ⅲ，其所受应力状态为平面拉伸应力，由图 5-4（a）可知，在该应力状态下，$\{10\bar{1}2\}$ 拉伸孪生无法激活，因此其变形过程中样品主要取向几乎无法改变，从而无法弱化基面织构；然而，对于区域Ⅴ，其应力状态为平面压缩应力，有利于 $\{10\bar{1}2\}$ 拉伸孪生激活，进而弱化初始基面织构。所以，原始试样外层所观察基面织构强化现象可能是因为其应力状态有利于 $\{10\bar{1}2\}$ 拉伸孪生，而内层所观察基面织构弱化效应可能是由于其应力状态有助于 $\{10\bar{1}2\}$ 拉伸孪生。

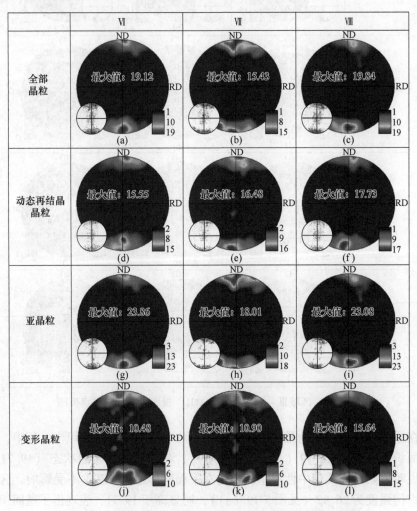

图 5-20　区域Ⅵ～Ⅷ各组分 $\{0001\}$ 极图及其相应散点极图

对于预孪晶试样，织构演化出现了完全相反的结果。如图 5-20（a）所示，区域Ⅵ表现为基面织构且其强度为 19.12，这显然低于区域Ⅲ基面织构强度，说明区域Ⅵ基面织构被弱化。如图 5-20（c）所示，区域Ⅷ也表现为基面织构，其强度为 19.84，明显高于区域Ⅴ基面织构强度，表明区域Ⅷ基面织构强度得到强化。也就是说，在预孪晶试样中，外层平面拉伸应力使基面织构弱化而内层平面压缩应力使基面织构强化，预孪晶试样表现与原始试样截然不同，这是因为它们初始织构不同。对于区域Ⅵ，平面拉伸应力有利于预孪晶试样激活去孪生行为，从而改变试样的主体取向；对于区域Ⅷ，平面压缩应力对预孪晶试样激活去孪生行为不利，从而无法改变试样的主要取向。因此，预孪晶试样外层基面织构弱化现象可能是因为平面拉伸应力有利于去孪生，而其内层基面织构强化效应可能是由于平面压缩应力不利于去孪生。此外，区域Ⅶ基面织构强度为 15.43，明显低于区域Ⅳ，说明即使处于试样几何中性层位置，其基面织构强度仍受影响（被弱化），这是因为预孪晶试样中动态再结晶行为更剧烈。Shen 等人[31]指出，动态再结晶可有效降低镁合金基面织构强度。对比图 5-19 与图 5-20 可知，预孪晶试样整体基面织构强度低于原始试样，这正是因为初始 {10$\bar{1}$2} 拉伸孪晶促进了动态再结晶行为。

总之，原始试样和预孪晶试样在相同平面应力状态下表现出截然相反织构演化结果，这是因为它们初始织构状态完全不同。在平面拉伸应力状态下，原始试样不利于产生可明显改变织构类型的 {10$\bar{1}$2} 拉伸孪晶，而预孪晶试样有利于激活可明显改变织构类型的去孪生行为。相反地，在平面压缩应力状态下，原始试样由于形成 {10$\bar{1}$2} 拉伸孪晶而预孪晶试样不利于出现去孪生行为。因此，当平面应力状态有助于改变织构类型时，可弱化基面织构，例如，出现明显偏离主体取向的晶粒，如图 5-14（h）中的 G10、G13 和 G34 等及图 5-14（l）中的 G4 和 G5。当平面应力状态不利于改变织构类型时，可增强基面织构，故区域Ⅲ和Ⅷ基面织构较强。

5.4.6 内、外层变形机制差异及其对成型性能改善的作用

通过 5.4.2 节~5.4.5 节的分析讨论可以明确，预孪晶 AZ31B 镁合金薄板杯突过程内、外层变形机制存在明显差异，并且预孪晶试样中存在原始试样中没有的组织演变过程，它们应该对预孪晶试样成型性能提升具有重要作用。

（1）内、外层 {10$\bar{1}$2} 孪生行为差异对成型性能有提升作用。图 5-15 给出了预孪晶试样外层、过渡区和内层 {10$\bar{1}$2} 拉伸孪晶受动态再结晶影响结果，发现 {10$\bar{1}$2} 拉伸孪晶界随外层向内层移动而晶界取向差角减小，表明预孪晶试样内层中初始 {10$\bar{1}$2} 拉伸孪晶界偏转比外层大。为了更直观阐明该取向差减小过程，图 5-21 给出了 {10$\bar{1}$2} 拉伸孪晶平面变形过程晶粒转动示意图，显然，孪晶绕其

母体<11$\bar{2}$0>轴转动 10°～20°，最终形成 60°～80°取向差角。如此转动行为所产生应变只表现在 {10$\bar{1}$2} 拉伸孪晶界角度轻微变化，而去孪生行为表现为晶粒切变作用，因此去孪生行为对预孪晶试样应变贡献大于晶粒转动行为。所以，预孪晶试样外层去孪生行为可协调更多应变，而内层晶粒转动行为所适应变形量较少。对于杯突此类平面变形行为，试样外层所产生的变形量比内层大，因此破裂源往往位于外层，图 5-3（b）及图 5-6（b）和（d）可印证该论点，那么，要提高试样的杯突值则需要使其外层协调更多应变。对于预孪晶 AZ31B 镁合金薄板，其外层去孪生行为使之适应更多应变，而原始试样不能发生去孪生行为，即预孪晶试样较原始试样更能协调塑性变形，因此其成型性能得到提高。

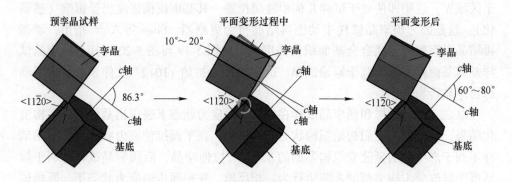

图 5-21　{10$\bar{1}$2} 拉伸孪晶平面变形过程晶粒转动示意图

（2）内、外层动态再结晶行为存在差异并提升预孪晶试样成型性能。5.4.3 节中讨论了预孪晶 AZ31B 镁合金薄板内、外层动态再结晶行为，发现其外层动态再结晶行为更剧烈、更充分（见图 5-13），并且原始试样表现也是如此。平面变形过程试样外层受平面拉伸应力而内层受平面压缩应力，对于塑性变形，拉伸应力往往更易使试样产生裂纹[32]，这也使得平面变形试样外层最先破裂。而动态再结晶行为可明显软化镁合金，并使之塑性提高。因此，在试样外层中所发生更剧烈动态再结晶行为可使其成型性能增强。在预孪晶试样中，由于存在初始 {10$\bar{1}$2} 拉伸孪晶，预孪晶试样动态再结晶行为更充分完全；并且，预孪晶试样内层动态再结晶行为受预置 {10$\bar{1}$2} 拉伸孪晶影响而增强并缩小了其与外层动态再结晶行为差距（见图 5-13），使预孪晶试样内、外层的组织演变较原始试样内更均匀。所以，预孪晶试样在 {10$\bar{1}$2} 拉伸孪晶对动态再结晶促进作用下使成型性能有效提高。

（3）混晶组织使预孪晶试样成型性能提高。Yang 等人[33]认为更多动态再结晶晶粒对塑性有益。Wang 等人[34]证明轧制 AZ31 具有双重晶粒结构的试样有更好塑性，这是因为其内部粗晶粒与细晶粒间发生协调变形。在预孪晶试样中，细小动态再结晶晶粒明显多于原始试样（见图 5-14），因此在杯突过程中，较大亚晶粒（粗晶粒）保持较高强度以抵抗破裂，而细小动态再结晶晶粒（细晶粒）在粗晶粒间流动以协调大量塑性变形，最终提高预孪晶试样成型性能。

（4）柱面滑移增强使得成型性能提高。平面变形过程不仅存在内、外层应力状态差异，更是存在材料减薄现象，图 5-6 所示预孪晶试样厚度递减可印证。为了适应材料减薄，需要开动相应滑移系并利用位错运动。Nakata 等人[12]指出，柱面滑移可有效协调晶胞不垂直于（0001）面的应变，这正是因为柱面滑移使晶胞绕<0001>轴转动。因此，在 AZ31B 镁合金薄板中，若借助柱面滑移协调厚度方向应变，则要满足晶粒<0001>轴尽量垂直 ND，而预孪晶试样恰好满足该要求。同时，由图 5-16 可知，预孪晶试样外层柱面滑移开动情况明显优于预孪晶试样，这使得预孪晶试样能更好地适应厚度方向应变，尤其是外层组织。因此，预孪晶试样内更强柱面滑移行为是其成型性能提升的原因之一。

（5）织构优化使成型性能提高。前文指出，在原始试样中，外层在平面拉伸应力下基面织构增强而内层在平面压缩应力状态下基面织构减弱，使得原始试样织构存在明显不均。预孪晶试样中，外层织构在更剧烈动态再结晶行为影响下得到弱化，而内层织构强化效果显著，故其整体织构比较均匀；并且，预孪晶试样中层织构较原始试样更弱，使得预孪晶试样整体上具有更发散的基面织构。大量文献报道称[35-37]，镁合金中弱基面织构有利于其成型性、延展性提高。不论是重点对比试样外层基面织构，还是整体比较基面织构，预孪晶试样都具有更弱的基面织构，因此其成型性能获得提高。

综上所述，200 ℃下预孪晶 AZ31B 镁合金薄板成型性能提高是去孪生行为、更剧烈动态再结晶行为、更显著混晶组织、更强柱面滑移行为和更弱基面织构共同作用结果。100 ℃和 150 ℃下预孪晶 AZ31B 镁合金薄板成型性能也得到增强，其原理应与 200 ℃下类似。但是，由于温度较低，100 ℃和 150 ℃下动态再结晶较弱，因此其成型性能提升不如 200 ℃，见图 5-5 和表 5-2。

参 考 文 献

[1] PARK S H, HONG S G. LEE C S. Enhanced stretch formability of rolled Mg-3Al-1Zn alloy at room temperature by initial {101̄2} twins [J]. Materials Science and Engineering A, 2013, 578: 271-276.

[2] HE W, ZENG Q, YU H, et al. Improving the room temperature stretch formability of a Mg alloy thin sheet by pre-twinning [J]. Materials Science and Engineering A, 2016, 655: 1-8.

[3] 宋广胜, 牛嘉维, 张士宏, 等. 镁合金棒材扭转变形的孪晶机制 [J]. 中国有色金属学报,

2022, 30 (7): 1574-1583.

[4] XIA D, CHEN X, HUANG G, et al. Calculation of Schmid factor in Mg alloys: Influence of stress state [J]. Scripta Materialia, 2019, 171: 31-35.

[5] 国家市场监督管理总局. 金属材料 薄板和薄带 埃里克森杯突试验: GB/T 4156—2020 [S]. 北京: 中国标准出版社, 2020.

[6] 王文嘉, 孔庆伟, 聂慧慧, 等. 不同道次弯曲限宽矫直对 AZ31 镁合金薄板微观组织和成形性能的影响 [J]. 轻合金加工技术, 2022, 50 (8): 31-37.

[7] SONG B, GUO N, LIU T, et al. Improvement of formability and mechanical properties of magnesium alloys via pre-twinning: A review [J]. Materials & Design (1980-2015), 2014, 62: 352-360.

[8] CHENG W, WANG L, ZHANG H, et al. Enhanced stretch formability of AZ31 magnesium alloy thin sheet by pre-crossed twinning lamellas induced static recrystallizations [J]. Journal of Materials Processing Technology, 2018, 254: 302-309.

[9] XUE L, WANG L, LU P, et al. Enhanced stretch formability of AZ31 magnesium alloy sheet by secondary regulation of initial twin orientation [J]. Materials Letters, 2022, 327: 133083.

[10] LEE J U, KIM Y J, KIM S H, et al. Texture tailoring and bendability improvement of rolled AZ31 alloy using $\{10\bar{1}2\}$ twinning: The effect of precompression levels [J]. Journal of Magnesium and Alloys, 2019, 7 (4): 648-660.

[11] 王利飞. 孪生对 AZ31B 镁合金板材 V 型弯曲中性层偏移的影响 [D]. 重庆: 重庆大学, 2015.

[12] NAKATA T, HAMA T, SUGIYA K, et al. Understanding room-temperature deformation behavior in a dilute Mg-1.52Zn-0.09Ca (mass%) alloy sheet with weak basal texture [J]. Materials Science and Engineering A, 2022, 852: 143638.

[13] BARNETT M R. Twinning and the ductility of magnesium alloys: Part Ⅰ: "Tension" twins [J]. Materials Science and Engineering A, 2007, 464 (1): 1-7.

[14] BARNETT M R. Twinning and the ductility of magnesium alloys: Part Ⅱ: "Contraction" twins [J]. Materials Science and Engineering A, 2007, 464 (1): 8-16.

[15] JAIN A, DUYGULU O, BROWN D W, et al. Grain size effects on the tensile properties and deformation mechanisms of a magnesium alloy, AZ31B, sheet [J]. Materials Science and Engineering A, 2008, 486 (1): 545-555.

[16] TIAN J, LU H, ZHANG W, et al. An effective rolling process of magnesium alloys for suppressing edge cracks: Width-limited rolling [J]. Journal of Magnesium and Alloys, 2022, 10 (8): 2193-2207.

[17] LI X, YANG P, WANG L N, et al. Orientational analysis of static recrystallization at compression twins in a magnesium alloy AZ31 [J]. Materials Science and Engineering A, 2009, 517 (1): 160-169.

[18] 夏大彪. 双轴应力状态下镁合金室温变形行为研究 [D]. 重庆: 重庆大学, 2019.

[19] CHAPUIS A, DRIVER J H. Temperature dependency of slip and twinning in plane strain

compressed magnesium single crystals [J]. Acta Materialia, 2011, 59 (5): 1986-1994.

[20] MURPHY-LEONARD A D, PAGAN D C, BEAUDOIN A, et al. Quantification of cyclic twinning-detwinning behavior during low-cycle fatigue of pure magnesium using high energy X-ray diffraction [J]. International Journal of Fatigue, 2019, 125: 314-323.

[21] XIE D, LYU Z, LI Y, et al. In situ monitoring of dislocation, twinning, and detwinning modes in an extruded magnesium alloy under cyclic loading conditions [J]. Materials Science and Engineering A, 2021, 806: 140860.

[22] DU P, FURUSAWA S, FURUSHIMA T. Continuous observation of twinning and dynamic recrystallization in ZM21 magnesium alloy tubes during locally heated dieless drawing [J]. Journal of Magnesium and Alloys, 2022, 10 (3): 730-742.

[23] SHEN J, ZHANG L, HU L, et al. Effect of subgrain and the associated DRX behaviour on the texture modification of Mg-6.63Zn-0.56Zr alloy during hot tensile deformation [J]. Materials Science and Engineering A, 2021, 823: 141745.

[24] ZHANG H, YAN Y, FAN J, et al. Improved mechanical properties of AZ31 magnesium alloy plates by pre-rolling followed by warm compression [J]. Materials Science and Engineering A, 2014, 618: 540-545.

[25] ZHANG H, YANG M, HOU M, et al. Effect of pre-existing $\{10\bar{1}2\}$ extension twins on mechanical properties, microstructure evolution and dynamic recrystallization of AZ31 Mg alloy during uniaxial compression [J]. Materials Science and Engineering A, 2019, 744: 456-470.

[26] ZHU Y, HOU D, LI Q. Quasi in-situ EBSD analysis of twinning-detwinning and slip behaviors in textured AZ31 magnesium alloy subjected to compressive-tensile loading [J]. Journal of Magnesium and Alloys, 2022, 10 (4): 956-964.

[27] CHUN Y B, BATTAINI M, DAVIES C H J, et al. Distribution characteristics of in-grain misorientation axes in cold-rolled commercially pure titanium and their correlation with active slip modes [J]. Metallurgical and Materials Transactions A, 2010, 41 (13): 3473-3487.

[28] CHUN Y B, DAVIES C H J. Investigation of prism ⟨a⟩ slip in warm-rolled AZ31 alloy [J]. Metallurgical and Materials Transactions A, 2011, 42 (13): 4113-4125.

[29] BONG H J, LEE J, LEE M G. Modeling crystal plasticity with an enhanced twinning-detwinning model to simulate cyclic behavior of AZ31B magnesium alloy at various temperatures [J]. International Journal of Plasticity, 2022, 150: 103190.

[30] LEE J U, KIM Y J, KIM S H, et al. Texture tailoring and bendability improvement of rolled AZ31 alloy using $\{10\bar{1}2\}$ twinning: The effect of precompression levels [J]. Journal of Magnesium and Alloys, 2019, 7 (4): 648-660.

[31] SHEN J, ZHANG L, HU L, et al. Effect of subgrain and the associated DRX behaviour on the texture modification of Mg-6.63Zn-0.56Zr alloy during hot tensile deformation [J]. Materials Science and Engineering A, 2021, 823: 141745.

[32] 李尧. 金属塑性成形原理 [M]. 北京: 机械工业出版社, 2013: 1.

[33] YANG Z, XU C, NAKATA T, et al. Effect of extrusion ratio and temperature on microstructures

and tensile properties of extruded Mg-Gd-Y-Mn-Sc alloy ［J］. Materials Science and Engineering A, 2021, 800: 140330.

［34］ WANG B, XU D, SHENG L, et al. Deformation and fracture mechanisms of an annealing-tailored "bimodal" grain-structured Mg alloy ［J］. Journal of Materials Science & Technology, 2019, 35 (11): 2423-2429.

［35］ WANG L, LI Y, ZHANG H, et al. Review: Achieving enhanced plasticity of magnesium alloys below recrystallization temperature through various texture control methods ［J］. Journal of Materials Research and Technology, 2020, 9 (6): 12604-12625.

［36］ ZHANG H, HUANG G, FAN J, et al. Deep drawability and drawing behaviour of AZ31 alloy sheets with different initial texture ［J］. Journal of Alloys and Compounds, 2014, 615: 302-310.

［37］ ZHANG B, WANG Y, GENG L, et al. Effects of calcium on texture and mechanical properties of hot-extruded Mg-Zn-Ca alloys ［J］. Materials Science and Engineering A, 2012, 539: 56-60.

6 剪切应变调控 AZ31 镁合金 预孪晶初始取向及力学性能

6.1 概　　述

镁合金作为最轻的金属结构材料，在航空航天、汽车轻量化、可降解医疗器械等领域具有广泛的应用前景。然而，由于其独特的密排六方结构，室温滑移系有限，传统的塑性加工方式通常会形成强烈的基面织构，导致镁合金室温塑性差，从而限制了镁产品的应用。基面滑移和 $\{10\bar{1}2\}$ 孪晶在室温环境中的 CRSS 较低，因而容易开动。

近年来，研究者们开发了众多织构控制策略来改善这一困境。预变形方法，尤其是预置孪晶，能够通过晶粒重新定向产生孪晶织构来提高镁合金的力学性能和可加工性。作为一种极性变形机制，拉伸孪生只能通过特定应变路径激活，即：垂直于晶粒 c 轴压缩或平行于晶粒 c 轴拉伸。He 等人[1]发现，拉伸孪晶的引入可以协调镁合金板材厚度方向上的应变，从而显著提高其在室温环境中的成型性能（约 50%）。Song 等人[2]沿 TD 预轧厚板，拉伸孪晶的引入使晶粒细化，大大降低了拉伸-压缩屈服不对称，AZ31 板材沿 RD 的强度显著提高。然而，根据施密特定律，单靠预置孪晶无法获得基面滑移的最大 SF 值，因此塑性提升终究有限。在 Yu 等人[3]的研究中，预孪晶合金的断裂伸长率仅比初始材料高 0.8% 左右。因此，进一步调控孪晶取向以获得基面滑移开动的最大 SF 值是提高镁合金室温塑性的关键。

为了削弱镁合金在传统塑性变形过程中产生的强择优织构，一般通过剪切变形技术来达到这一目的，如：等径角挤压（ECAP）[4]、差速轧制（DSR）[5]、高压扭转（high-pressure torsion，HPT）[6]等。其中，以 ECAP 应用最广。在 Yin 等人[7]的研究中，ECAP 处理后，合金基面织构减弱，力学性能提高。Ge 等人[8]指出，ECAP 在织构控制方面确有显著成效，但往往需要多道次加工才能达到预期效果，限制了其在实际生产中的应用。因此，如何通过单道次或少道次的剪切变形获得更优异的性能成为扩展镁合金应用前景的重要议题。

综上所述，通常用于 ECAP 加工的坯料具有强烈的基面织构，因此在单道次或少道次的剪切变形过程中织构偏转效果不理想，而在晶粒 c 轴偏离 TD-ND 平面

86.3°的孪晶织构中引入剪切变形或许会有更好的调控效果。基于此,为提高镁合金室温塑性,本章提出了剪切应变诱导孪晶取向调控(SITOR)理念。结合试验结果和晶体塑性模拟,系统研究了 SITOR 工艺在不同孪晶体积分数、不同剪切应变及不同温度下对 AZ31 镁合金棒材微观组织和力学性能的影响。根据黏塑性自洽(visco-plastic self-consistent,VPSC)模型定量研究了拉伸过程中各变形机制的相对激活量,为拓展高塑性镁合金的应用开辟了新途径。

6.2 实验材料与方法

实验采用直径 10 mm 的商用 AZ31 镁合金挤压棒材。首先,截取长度 50 mm 左右的棒材,沿 ED 方向在室温下进行 1%、3% 和 5% 的预压缩变形,随后在 200 ℃ 退火 6 h 以去除残余应力。Song 等人[2]指出,$\{10\bar{1}2\}$ 孪晶组织在 200 ℃ 退火后仍能保留,且对孪晶体积分数没有明显影响。然后,对原始试样和预置孪晶试样分别在 175 ℃、200 ℃、250 ℃ 和 300 ℃ 下进行 1、2 和 4 道次的 ECAP 处理以引入单纯剪切应变。SITOR 工艺示意图如图 6-1 所示。

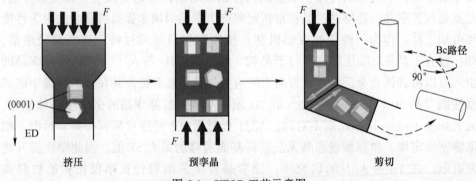

图 6-1 SITOR 工艺示意图

利用光学显微镜、扫描电镜及电子背散射衍射技术表征不同变形状态 AZ31 合金的组织和织构演变。试样表面用砂纸研磨至呈光滑镜面后进行腐蚀,通过光学显微镜和扫描电镜观察显微组织。用于 EBSD 表征的试样,砂纸研磨后需要在 ACII 溶液中进行电解抛光,通过配备有 EBSD 探头的扫描电镜进行组织和织构分析。

在变形态 AZ31 棒材上通过线切割获取拉伸试样。拉伸测试在 AG-Xplus-200 kN 电子万能试验机上进行,初始应变速率为 1×10^{-3} s^{-1}。每个变形条件的拉伸试验重复 3 次,确保试验结果可重复。

在获得织构数据和拉伸试验结果的基础上,通过 VPSC 模拟分析拉伸过程中各变形机制的激活情况，以及各变形模式对塑性变形的贡献。关于 VPSC 模拟的完整描述详见 2.3.5 节。

6.3 剪切应变调控不同体积分数孪晶取向及力学性能

本节选取原始试样和预置不同体积分数孪晶（1%、3% 和 5%）试样作为研究对象，采用 Bc 路径在 200 ℃下分别引入 1、2 和 4 道次剪切变形，经不同加工过程的 AZ31 镁合金试样命名见表 6-1。之后对不同变形状态的试样进行微观组织观察和力学性能测试，探究剪切应变诱导不同体积分数孪晶取向调控和低温增塑机制。

表 6-1 AZ31 合金变形工艺及相关试样编号

ECAP 工艺	AR	PT1%	PT3%	PT5%
—	AR	PT1	PT3	PT5
1 道次剪切	AR-1P	PT1-1P	PT3-1P	PT5-1P

6.3.1 织构演变

图 6-2 为原始试样、不同压缩量的预置孪晶试样和单道次剪切试样的反极图（inverse pole figure, IPF）和晶界结构图。显然，在热挤压过程中，原始试样通过完全再结晶获得了等轴晶组织。沿 ED 压缩后，所有预孪晶试样中都出现了大量拉伸孪晶片层。随着压缩应变增加，孪晶片层逐渐增大变厚。与金相显微组织观察结果相似，PT5 试样中许多层状形貌消失，甚至有几个晶粒完全孪生。因此，PT3 合金的孪晶界分数最高，达到了约 33.9%。

图 6-2（e）~（h）为剪切试样的 IPF 图和晶界结构图。200 ℃引入剪切变形时，在大剪切应变作用下，原始晶粒被拉长，动态再结晶产生大量细小的再结晶晶粒，形成细晶围绕粗晶的双晶结构。Xin 等人[9]认为，在相同的高温变形条件下，孪晶界为再结晶行为提供更多的形核位置，表明动态再结晶行为与孪晶界的多少直接相关。通过比较不同剪切试样的微观组织可以看出，初始拉伸孪晶的存在确实可以促进剪切变形过程中的动态再结晶，这可能是 PT3-1P 试样中等轴晶粒最多，且平均晶粒尺寸最小的原因。此外，在部分变形粗晶中保留了少量孪晶，而细小晶粒由于太小，无法促进 $\{10\bar{1}2\}$ 孪晶的形核和生长，因此在细小晶粒中几乎没有任何孪晶存在。

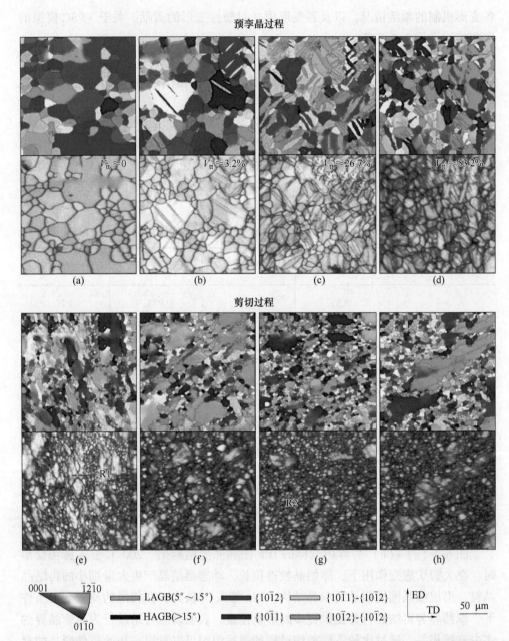

图 6-2 原始试样、不同体积分数（V_{tt}）预孪晶试样及单道次剪切试样的反极图和晶界结构图

(a) AR；(b) PT1；(c) PT3；(d) PT5；(e) AR-1P；(f) PT1-1P；(g) PT3-1P；(h) PT5-1P

彩图

原始试样、预置孪晶试样和剪切试样的（0001）极图如图 6-3 所示。原始试样具有典型的基面织构。沿 ED 压缩后，$\{10\bar{1}2\}$ 孪晶的出现使得晶格向加载方向旋转 86.3°。在预置孪晶过程中，择优织构转变为 c 轴与 ED 平行的孪晶织构。随着压缩应变的增加，织构强度逐渐提升。PT5 试样的织构强度可达 19.74。Xin 等人[9]指出，在原始试样和预置孪晶试样织构中，垂直于 ED 的基极来自镁基体，而平行于 ED 的基极全部属于 $\{10\bar{1}2\}$ 孪晶。预压缩过程中母晶和孪生区域基极的变化印证了织构演变趋势。随着垂直于 ED 的基极减少，孪晶的极强度升高[10]。这意味着在剪切应变的作用下，孪晶体积分数的增加可能会导致基面织构减弱，孪晶取向调控效果更加显著。

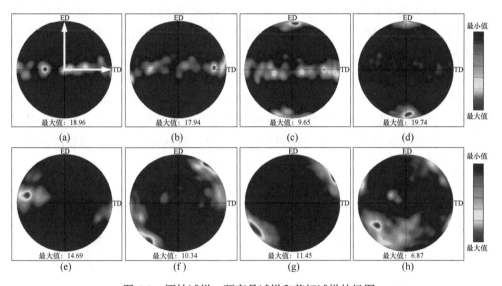

图 6-3　原始试样、预孪晶试样和剪切试样的极图
（a）AR；（b）PT1；（c）PT3；（d）PT5；（e）AR-1P；（f）PT1-1P；（g）PT3-1P；（h）PT5-1P

经过单道次剪切变形，AR-1P 试样的织构强度相对于原始试样织构有所减弱，且基极偏离 TD-ND 平面 12°左右。然而，PT-1P 试样的织构改变却大不相同。PT1-1P 试样的极密度中心从 ED 向 TD 偏转 36°左右，同时母晶基极在剪切变形后从 TD-ND 平面向 ED 偏转 9°左右。PT3-1P 和 PT5-1P 试样的极密度中心分别偏离 ED 大约 50°和 53°。在这些剪切试样中，PT3-1P 试样的织构组分最接近理想剪切织构。不同于文献报道的多道次 ECAP，本试验通过单道次剪切即可产生剪切织构，充分证实了 SITOR 方法的优越性。如前所述，根据施密特定律，晶格的 45°旋转可能使镁合金的延展性更加优异。结合金相显微组织的观察结果可以看出，剪切变形过程中，织构演变与预置拉伸孪晶及后续的动态再结晶行为密切相关。

6.3.2　取向调控机制

　　剪切应变可以有效调控初始孪晶取向，因此进一步探究其取向调控机制具有重要意义。原始试样由无孪晶的等轴晶组成。由于剪切变形温度较高，应变大，在加工过程中几乎不可能产生孪晶。因此，$\{10\bar{1}2\}$ 孪晶对 AR-1P 试样中晶粒取向的变化影响不大。对于 PT-1P 试样，其变形条件与 AR-1P 试样相同，但仍存在一些孪晶片层，且所有 PT-1P 试样具有相似的孪晶取向调控机制。因此，以 PT3 和 PT3-1P 试样为例分析 SITOR 过程中的孪晶取向调控机制。

　　图 6-4 为从 PT3 和 PT3-1P 试样组织中选取的含孪晶区域的 IPF 图、相应的 (0001) 极图及拉伸孪晶和母晶之间的三维晶体学取向关系。在晶粒 G1 中，两种不同的孪晶变体对 T1 和 T2 被激活且相互交叉。相应的极图表明，T1 和 T2 的存在导致晶格旋转约 86.3°。也就是说，T1 和 T2 的 c 轴几乎平行于 ED，而其母晶的 c 轴仍然垂直于 ED，这与 PT3 试样中的织构一致。然而，在晶粒 G2 中，尽管拉伸孪晶与其母晶之间 86.3° 的取向关系保持，(0001) 极图却显示出完全不同的取向分布关系。$\{10\bar{1}2\}$ 孪晶的基极从 ED 向 TD 偏离大约 37°，拉伸孪晶在 (0001) 极图中的分布与理想剪切织构完全一致。据此可以推断，剪切应变可以通过控制初始拉伸孪晶取向迅速形成理想剪切织构。然而，剪切变形过程中的动

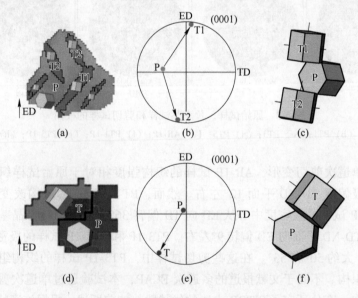

图 6-4　区域 G1 和 G2 的 IPF 图、(0001) 极图及拉伸孪晶和母晶之间的取向关系

(a)~(c) G1；(d)~(f) G2

T—拉伸孪晶；P—相应母晶

态再结晶行为使得只有少量孪晶保留，大部分孪晶被耗尽，因此进一步阐明剪切变形时动态再结晶过程中的取向演变是十分必要的。

动态再结晶行为在晶粒细化和晶体学取向演变过程中起着至关重要的作用。图 6-5 为剪切试样的再结晶晶粒、变形晶粒和亚晶粒分布图。此外，通过 Channel 5 软件计算了每个亚区域所占的体积分数。结果表明，引入剪切变形后，动态再结晶使得晶粒细化更加明显，显微组织呈双晶结构。相较于 AR-1P 试样，PT-1P 试样中再结晶行为更加活跃。在相同剪切变形条件下，PT3-1P 试样的再结晶体积分数最高。这可能是由于 PT3 试样中孪晶界最多，在剪切变形过程中为新的再结晶晶粒提供更多的形核位置。客观地说，动态再结晶导致的晶粒取向改变或许比晶粒细化效果更加重要，因此，接下来将重点分析再结晶行为对剪切过程中晶体学取向的影响。

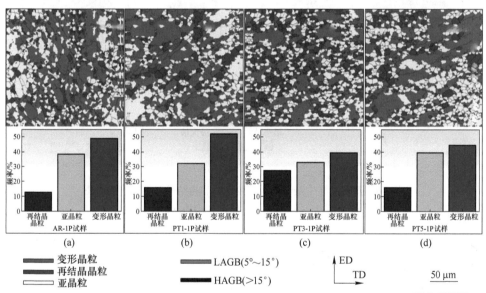

图 6-5　剪切试样的再结晶晶粒、变形晶粒和亚晶粒分布图

(a) AR-1P；(b) PT1-1P；(c) PT3-1P；(d) PT5-1P

彩图

不同亚区域对应的（0001）极图如图 6-6 所示。结果表明，孪晶体积分数对后续剪切变形过程中的织构演变有显著影响。变形晶粒和亚晶粒的织构轮廓和极密度中心与整体晶粒一致。而再结晶晶粒则表现出更随机的织构分布，晶体学取向上却仍遵循变形晶粒的分布。因此，最终整体晶粒的织构是三个亚区域取向分布的折中。

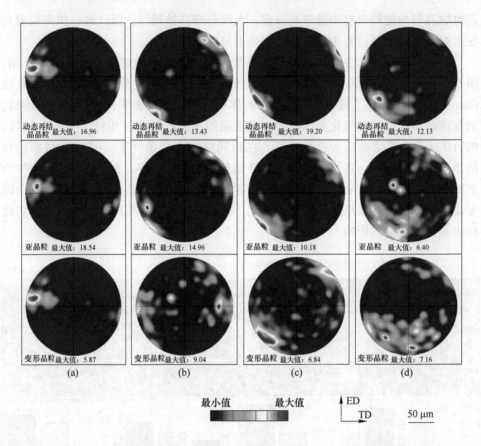

动态再结晶晶粒 最大值：16.96　动态再结晶晶粒 最大值：13.43　动态再结晶晶粒 最大值：19.20　动态再结晶晶粒 最大值：12.13

亚晶粒 最大值：18.54　亚晶粒 最大值：14.96　亚晶粒 最大值：10.18　亚晶粒 最大值：6.40

变形晶粒 最大值：5.87　变形晶粒 最大值：9.04　变形晶粒 最大值：6.84　变形晶粒 最大值：7.16

(a)　　　　　　(b)　　　　　　(c)　　　　　　(d)

最小值　　最大值　ED TD　50 μm

图 6-6　剪切试样中变形晶粒、亚晶粒和再结晶晶粒相应的极图
(a) AR-1P；(b) PT1-1P；(c) PT3-1P；(d) PT5-1P

　　镁合金一般在高温下进行塑性变形，通过动态再结晶不断更新组织[11-12]。动态再结晶过程主要有两种模式：连续动态再结晶和非连续动态再结晶，由晶粒形核和长大模式决定。连续动态再结晶通过连续的位错重排形成亚晶粒，并且不断吸收小角度晶界，最终形成大角度晶界，标志着再结晶晶粒的产生。对比连续动态再结晶，非连续动态再结晶被认为是一种传统的再结晶过程，晶界弓出在锯齿状大角度晶界处形核，通过晶界迁移实现晶粒长大[13-14]。动态再结晶机制会随着变形条件而变化，如温度和应变等。Galiyev 等人[15] 指出，动态再结晶主导 200~250 ℃下的热压缩变形。因此，有必要进一步分析在单纯剪切变形和 SITOR 变形过程中哪种类型的再结晶机制将起主要作用，它如何影响新取向的形核，以及拉伸孪晶与随后剪切变形中动态再结晶行为之间的联系。此外，由于 PT-1P 试样均具有相同的变形机制，因此仅以 AR-1P 和 PT3-1P 试样为例进行分析。

　　根据前文所述，动态再结晶工艺对 AZ31 合金在 200 ℃剪切变形过程中的显微组织和织构演变有显著影响。如图 6-2 和图 6-3 所示，AR 和 AR-1P 试样的金相组织和 IPF 图表明，动态再结晶出现时伴有细晶散布在粗晶周围的现象。图 6-7 展示了图 6-2 （e）中区域 R1 的再结晶行为。图 6-7 （a）显示，R1 中大部分区域为红色。从晶粒的三维晶体学取向分布可以看出，动态再结晶晶粒（G1～G19）与近邻母晶（P）具有相似的晶体取向。如图 6-7 （b）所示，沿 A→B 的点到原点取向差逐渐增加到 10°左右，表明母晶内位错十分活跃。许多亚晶界（深蓝色箭头指示）将未再结晶晶粒分割为几个亚区域。此外，图 6-7 （a）描绘了大、小角度晶界的分布情况，分别用黑色和灰色线段表示。亚晶界聚集区域形成了大量细小的再结晶晶粒，表明新的再结晶晶粒的形核与连续的位错吸收密切相关。从亚晶粒转变为大角度晶界和新的再结晶晶粒是典型的连续动态再结晶机制。图 6-7 （c）提供了图 6-7 （a）中涉及所有晶粒对应的 （0001）极图。变形母晶和再结晶晶粒的基面织构稍微偏离 ED-TD 平面。再结晶晶粒的取向分布在变形晶周围，即使它们或多或少表现出一定的随机偏转。显然，在一定程度上，连续动态再结晶机制提供了一个更随机的织构组分，但是再结晶晶粒的形核仍然遵循母晶的取向。

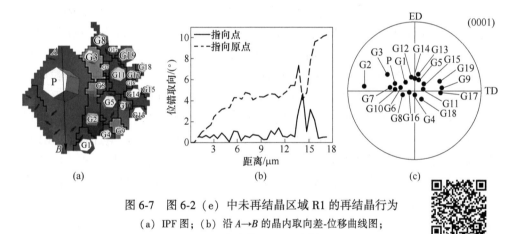

图 6-7　图 6-2 （e）中未再结晶区域 R1 的再结晶行为

（a）IPF 图；（b）沿 A→B 的晶内取向差-位移曲线图；

（c）相应的 （0001）极图

彩图

　　图 6-8 （a）为在图 6-2 （g）区域 R2 中选取的有代表性的微观结构，以分析 PT3-1P 试样的再结晶行为。许多新的再结晶晶粒呈项链状围绕母晶分布。与区域 R1 相似，区域 R2 中的再结晶晶粒主要分布在亚晶界附近。此外，众多由深蓝色箭头标识的小角度晶界靠近再结晶晶粒。大量位错堆积，从而在变形结构中形成大角度晶界。随着挤压进行，大量可动位错被小角度晶界捕获并转变为大角度晶界。亚晶粒最终转变为细小的再结晶晶粒。如图 6-8 （a）所示，这种现象完全符合连续动态再结晶机制。从三维晶体取向（见图 6-8 （b））和沿 C→D 的点

到原点取向差变化可以看出，变形晶粒内位错活动相对活跃，动态再结晶晶粒是由亚晶粒原位转化而来。(0001) 极图中的晶体取向分布进一步表明，动态再结晶过程不伴随明显的织构改变，新的再结晶晶粒取向近似于相邻母晶。

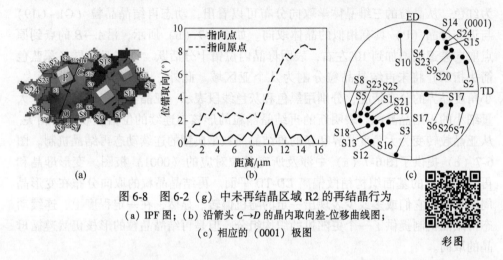

图 6-8 图 6-2 (g) 中未再结晶区域 R2 的再结晶行为
(a) IPF 图；(b) 沿箭头 C→D 的晶内取向差-位移曲线图；
(c) 相应的 (0001) 极图

彩图

　　通过对比两种变形条件下剪切试样的再结晶行为可以发现，新生成的再结晶晶粒继承近邻母晶的连续动态再结晶机制主导了两者的再结晶过程。然而，AR-1P 和 PT3-1P 试样中变形晶粒和再结晶晶粒表现出完全不同的特征。AR-1P 试样中再结晶晶粒取向基本保持了基面织构取向，而 PT3-1P 试样中再结晶晶粒取向大多偏离 TD-ND 平面 45°左右。这一事实与图 6-3 中的 (0001) 极图一致。据此可以推断，晶粒取向差异是由于初始孪晶的存在。拉伸孪晶在剪切变形过程中以较大角度偏离 TD-ND 平面。由于孪晶界在热激活作用下可能发生迁移，$\{10\bar{1}2\}$ 孪晶界可以通过消耗其母晶并使其重新定向，从而促进后续热变形过程中的连续动态再结晶。发生在孪晶中的连续动态再结晶，形成具有剪切织构的新再结晶晶粒，而基体则仍保留择优织构取向。由此可见，拉伸孪晶使其母晶重新定向，进而在变形晶粒中发生连续动态再结晶，形成继承调控后孪晶取向的细小再结晶晶粒。此外，结合图 6-6 中的织构演变过程，可以肯定预置孪晶和动态再结晶行为对合金微观组织和织构演变具有重要影响。

　　基于以上研究结果的单纯剪切和 SITOR 变形过程中微观组织和织构演变的综合模型示意图如图 6-9 所示。根据是否预置孪晶，在相同剪切条件下，晶粒细化和取向偏转存在明显差异。大剪切应变通常会导致大量位错在变形晶粒中累积和重排，这意味着组织中产生了更多能量，为再结晶形核提供了更高驱动力[4,16-17]。由于连续动态再结晶过程通过沿晶界形成新的晶粒，因此具有更多晶界的预置孪晶试样为再结晶过程提供了更多的形核位置，从而产生更多的再结晶晶粒[18-19]。因此 PT-1P 试样具有更小的晶粒尺寸。此外，AR-1P 和 PT-1P 试样由于初始织构不同，晶粒取向的改变也不同。AR-1P 试样在单道次剪切变形后，基面织构发生较小角度偏转，PT-1P 试样的晶粒基面向剪切平面倾斜，更有利于基面滑移的激活。与传统的单纯剪切工艺相比，SITOR 技术在细化晶粒和织构弱化方面更有优势。

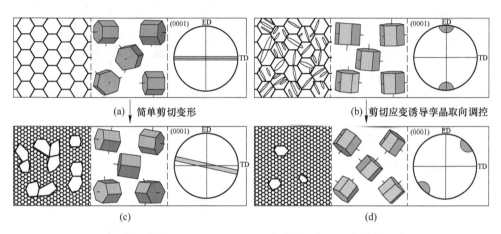

(a) 简单剪切变形　　　　　(b) 剪切应变诱导孪晶取向调控

(c)　　　　　　　　(d)

图 6-9　单纯剪切和 SITOR 变形过程中晶粒细化和取向偏转示意图

(a) AR；(b) PT；(c) AR-1P；(d) PT-1P

6.3.3　力学性能

为了对比研究单纯剪切和 SITOR 变形试样在拉伸测试中的力学响应，图 6-10 给出了原始试样、预置孪晶试样和剪切试样的真实应力应变曲线和力学性能指标统计值。从图中可以看出，在单轴拉伸作用下，预置孪晶试样的拉伸曲线均呈凹形，表明其变形机制与原始试样不同。原始试样的屈服强度为 197.4 MPa，PT1、PT3 和 PT5 试样的屈服强度分别下降到 66.8 MPa、81.9 MPa 和 94.2 MPa。预置孪晶试样的极限抗拉强度也高于原始试样。此外，预置孪晶试样的断裂伸长率仅比原始试样略高，说明单纯预置孪晶试样无法显著提高镁合金塑性。在 200 ℃引入单道次剪切变形后，AR-1P 试样的屈服强度降低到 161.6 MPa，而 PT1-1P、PT3-1P 和 PT5-1P 试样的屈服分别升高到 128.3 MPa、113.8 MPa 和 104.4 MPa。与未经剪切变形的试样相比，剪切试样的极限抗拉强度要高得多。剪切试样的断裂伸长率明显提高，其中 PT3-1P 试样的断裂伸长率最高（30.8%）。以上结果证实了 SITOR 理念的可行性，并证明通过引入剪切变形可以成功控制孪晶取向进而提高镁合金的延展性。因此，有必要对拉伸变形过程中滑移系的激活情况及微观组织变化对力学性能的影响进一步分析。

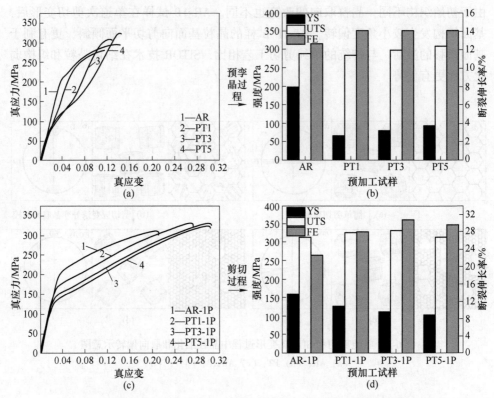

图 6-10 原始试样、预孪晶试样和剪切试样的真实应力应变曲线及统计值

(a)（c）真应力真应变的关系曲线；(b)（d）强度与断裂伸长率

YS—屈服强度；UTS—极限抗拉强度；FE—断裂伸长率

6.3.4 增塑机理

众所周知，拉伸测试过程中滑移系的激活可以通过相应的 SF 值来反映，因此，SF 值的计算将有助于理解拉伸变形机制。SF 值越大，滑移系越容易被激活，反之亦然。基面滑移因 CRSS 值最低，故在镁合金塑性变形中最易开动。由此可见，基面滑移的激活程度对增强镁合金的室温塑性至关重要。

图 6-11 和表 6-2 为不同变形条件下基面滑移、柱面滑移和锥面滑移的 SF 值分布及其平均值。在 AR 试样中，基面滑移的 SF 值远小于非基面滑移的 SF 值，大多数晶粒处于硬取向，柱面滑移可能主导变形过程。而对于预置孪晶试样，去孪生成为主要的变形机制。当剪切变形引入 AR 试样和预置孪晶试样后，基面滑移的 SF 值进一步增大，柱面滑移的 SF 值急剧减小。在所有试样中，PT3-1P 试样的基面滑移 SF 值最高，有利于基面滑移的激活。这一结果表明，通过剪切变形有效控制初始孪晶取向，可以大大提高基面滑移的 SF 值。

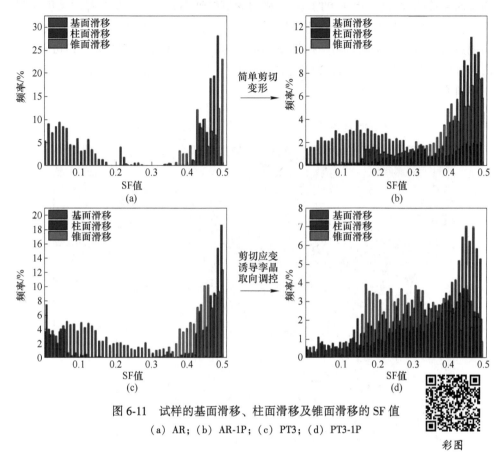

图 6-11 试样的基面滑移、柱面滑移及锥面滑移的 SF 值
(a) AR; (b) AR-1P; (c) PT3; (d) PT3-1P

彩图

表 6-2 不同状态 AZ31 合金主要滑移系的平均 SF 值

试 样	基面滑移	柱面滑移	锥面滑移
AR	0.08	0.47	0.46
PT3	0.14	0.35	0.44
AR-1P	0.22	0.42	0.39
PT3-1P	0.36	0.31	0.31

PT3-1P 试样基面滑移的 SF 值为 0.36，远高于其他试样。为了更好理解这一现象，几个主要滑移系的 SF 值分布如图 6-12 所示，PT3 试样的基面滑移 SF 值略有提高。$\{10\bar{1}2\}$ 孪晶的存在可以使晶粒重新定向以获得更大 SF 值，然而，提升程度有限。与 AR-1P 试样相比，PT3-1P 试样中变形晶粒的颜色更深，表明理想剪切织构能够促进基面滑移开动。此外，较小的再结晶晶粒可以在一定程度上提

高基面滑移的 SF 值。由于 PT3-1P 试样包含更多细小晶粒，因此改善效果更加明显。在取向软化和晶粒细化双重作用下，PT3-1P 试样的基面滑移 SF 值最大，表明通过引入剪切应变控制初始拉伸孪晶取向进而改善镁合金室温塑性是可行的。由于各滑移系和孪生机制的 CRSS 值差异较大，实际变形过程更为复杂，需要进一步研究。

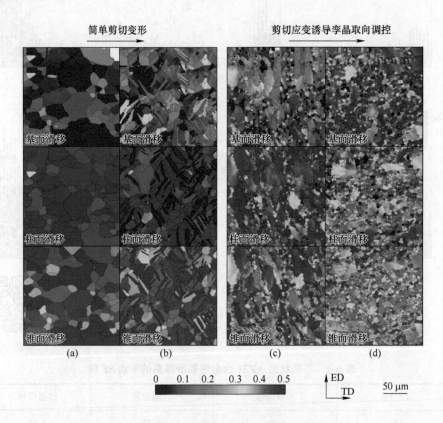

图 6-12　镁合金试样主要滑移系的 SF 值分布
(a) AR；(b) AR-1P；(c) PT3；(d) PT3-1P

　　通过 VPSC 模拟研究拉伸变形过程中各变形机制的开动情况，通过拟合预测的应力-应变曲线和试验结果获得主要滑移系的 CRSS 值见表 6-3。如图 6-13 所示，预测的应力-应变曲线和初始织构与试验观察结果吻合良好。因此，通过 VPSC 能够可靠地确定试样在拉伸过程中的变形行为。主要变形机制的相对激活量如图 6-13 所示。结果表明，AR 试样的塑性变形主要由柱面滑移主导。而在 PT3 试样中，去孪生在拉伸开始时提供了最大的应变协调能力。随着应变增加，柱面滑移迅速取代去孪生而成为主要变形机制。在 AR-1P 和 PT3-1P 试样中，基

表 6-3　拟合的主要变形机制的 CRSS 值　　　　　　　（MPa）

试　样	基面滑移	柱面滑移	锥面滑移	拉伸孪晶	压缩孪晶
AR	45	110	170	28	250
AR-1P	58	128	170	75	250
PT3	21	70	190	19	250
PT3-1P	52	130	170	65	250

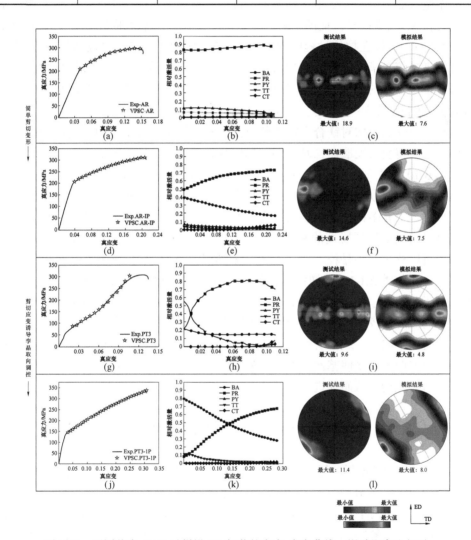

图 6-13　不同状态 AZ31 试样沿 ED 加载的应力-应变曲线、滑移和孪生相对
激活量及（0001）极图拟合和实验结果对比

（a）~（c）AR；（d）~（f）AR-1P；（g）~（i）PT3；（j）~（l）PT3-1P

BA—基面滑移；PR—柱面滑移；PY—锥面滑移；TT—拉伸孪晶；CT—压缩孪晶

面滑移和柱面滑移均参与塑性变形, 不同的是, PT3-1P 试样中基面滑移开动比例相对更高, 此结果印证了 SF 值计算结果。因此, 在不同工艺条件下, 主导的变形机制对塑性变形的贡献不同, 试样在不同状态下的力学响应也表现出显著差异。

如前所述, AR 试样在拉伸变形过程中的主要变形机制为柱面滑移, 因此其具有较高的屈服强度和较低的断裂伸长率。预置孪晶试样上凹的曲线表现了明显的去孪生特征。由于去孪生不需要形核过程, 预置孪晶镁合金的屈服强度相较于原始材料大大下降[20], 且预压缩过程中产生的拉伸孪晶取向在去孪生时完全复原, 因此 PT 试样在拉伸过程中的主要变形机制由去孪生转变为柱面滑移。值得注意的是, 随着孪晶体积分数的增加, 屈服强度和极限抗拉强度逐渐增加, 可能是预置孪晶导致的晶粒细化和去孪生导致的织构强化共同作用的结果。Caceres 等人[21]和 Lou 等人[22]认为, $\{10\bar{1}2\}$ 孪晶片层引起的晶粒分割对力学性能的影响不明显, 但孪晶织构对镁合金塑性的提升有积极作用。去孪生引起的织构改变使晶体软取向转变为硬取向, 基面织构的回复导致极限抗拉强度提高。

图 6-10 的结果表明, 除 AR-1P 试样的屈服强度比 AR 试样低 50 MPa 外, 所有剪切试样的屈服强度和断裂伸长率与未剪切试样相比均有所提高, 这一现象表明拉伸过程中有多种因素影响材料力学响应。众所周知, 细晶强化是一种能够同时提高材料强度和延展性的有效方法[23]。ECAP 作为一种典型的剧烈塑性变形技术, 可以获得细小晶粒。而 AR-1P 试样屈服强度下降不符合 Hall-Petch 关系, 表明织构弱化对 AR-1P 试样强度的影响比晶粒细化更大。织构偏转使晶体取向更有利于基面滑移的激活, 但柱面滑移仍主导塑性变形, 使得 AR-1P 试样的强度较低而延展性较高。在符合 Hall-Petch 关系的 PT-1P 试样中, 与 PT 试样相比, 细晶强化的影响大于织构弱化, 因此, PT-1P 试样的强度有不同程度的提高。此外, 晶粒取向的改变使基面滑移更容易激活。综上所述, SITOR 工艺能够快速获得理想剪切织构, 从而促进基面滑移开动, 获得更好的塑性。

6.4　不同剪切应变调控孪晶取向及力学性能

本节选取原始试样和增塑效果相对较好的预孪晶 3% 试样作为研究对象, 采用 Bc 路径在 250 ℃下分别引入 1、2 和 4 道次剪切变形。AZ31 挤压态镁合金棒材经不同道次变形后的试样分别命名为 AR-1P、AR-2P 和 AR-4P, 而不同剪切应变的预置孪晶试样分别命名为 PT-1P、PT-2P 和 PT-4P。之后对变形试样进行微观组织观察和力学性能测试, 探究不同剪切应变诱导孪晶取向调控和低温增塑机制。

6.4.1　织构演变

图 6-2（a）和图 6-3（a）展示了热挤压 AZ31 试样的 IPF 图、晶界结构图和

（0001）极图，AR 试样为无孪晶的等轴结构，平均尺寸约为 8.03 μm。此外，AR 试样具有典型的基面纤维织构，其晶粒 c 轴垂直于 ED。当沿 ED 施加压缩载荷时，大部分晶粒很容易产生 $\{10\bar{1}2\}$ 拉伸孪晶。

预置孪晶试样的微观组织特征如图 6-2（c）和图 6-3（a）所示。沿 ED 压缩 3% 后，出现大量透镜状 $\{10\bar{1}2\}$ 孪晶，在晶界结构图中用红色标记。$\{10\bar{1}2\}$ 孪晶形核导致 86.3° 的晶格旋转。根据 PT 试样的晶界结构图（见图 6-12（c）），拉伸孪晶的体积分数大约为 33.9%。由于拉伸孪晶导致的晶格旋转，出现了基面垂直于 ED 的孪晶织构。Hong 等人[24] 指出，$\{10\bar{1}2\}$ 孪晶具有细化晶粒的作用。在 PT 试样中，众多晶粒被孪晶片层分割，平均晶粒尺寸降至 6.9 μm 左右。

为了进一步研究不同剪切应变下剪切变形过程中初始晶粒和 $\{10\bar{1}2\}$ 孪晶的取向调控机制，通过 EBSD 获取剪切试样的 IPF 图和晶界结构图如图 6-14 所示。显然，在 IPF 图中观察到的试样微观组织特征与 OM 图一致。随着变形道次的增加，晶粒逐渐变小，组织更加均匀。单纯剪切试样和 SITOR 合金 IPF 图颜色分布完全不同，单纯剪切合金晶粒以红色为主，而 SITOR 合金中的晶粒以蓝绿色为主，说明两种变形路径的取向调控机制存在明显差异。

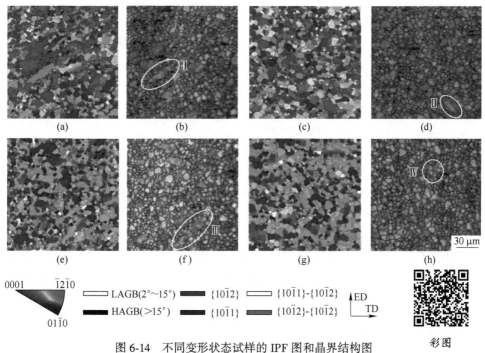

图 6-14 不同变形状态试样的 IPF 图和晶界结构图

（a）（b）AR-1P；（c）（d）AR-4P；（e）（f）PT-1P；（g）（h）PT-4P

彩图

图 6-15 为能够直接反映各剪切试样纵截面晶粒取向分布的（0001）极图。初始坯料经一次剪切变形后，择优织构略有减弱，织构强度最大为 8.11，极密度中心偏离 TD-ND 平面约 5°。随着更多剪切应变的引入，AR-4P 试样中大部分晶粒的 c 轴进一步向 ED 偏转，极密度中心更加分散，最大织构强度下降至 5.76 左右。Beyerlein 和 Tóth[25] 在先前的文献中阐述了相似的织构演变案例。

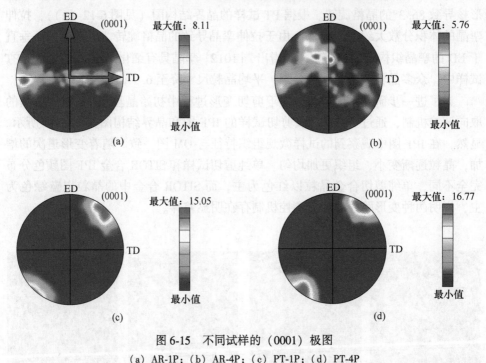

图 6-15 不同试样的（0001）极图
(a) AR-1P；(b) AR-4P；(c) PT-1P；(d) PT-4P

在 PT 试样中引入单道次剪切变形后，一种新的织构组分形成，晶粒基面沿剪切方向排列。Sayari 等人[26] 指出，多道次 ECAP 可以导致基面向剪切平面倾斜，即产生剪切织构；并且剪切织构组分的生成能够促进基面滑移的激活，从而对金属材料的强度和延展性产生影响。在 PT-1P 试样中，大多数晶粒的 c 轴从 ED 向 TD-ND 平面偏转了约 40°。进一步增加剪切道次，PT-4P 试样的织构组分变化不明显，最大织构强度增加到 16.77。从上述事实可以推断，在相同剪切应变下，不同初始织构在剪切变形过程中的偏转机理是不相同的。因此，有必要对剪切过程中晶粒取向的具体调控机制进行对比分析。

6.4.2 取向调控机制

金属材料在热加工过程中极易发生动态再结晶。剪切变形后试样的再结晶晶粒、变形晶粒和亚晶粒分布如图 6-16 所示。剪切过程中动态再结晶晶粒的比例不断增加，变形粗晶逐渐被消耗。在相同的加工条件下，SITOR 试样的再结晶比例总是高于单纯剪切试样，因此 SITOR 样品的晶粒较小。除了细化晶粒外，再结晶行为在织构改性中也起着重要作用。

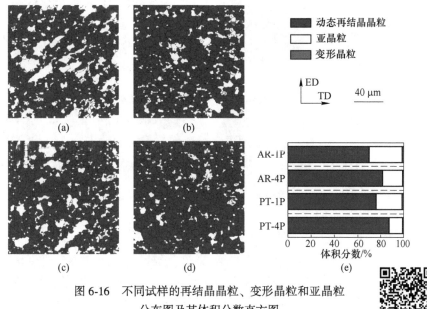

图 6-16　不同试样的再结晶晶粒、变形晶粒和亚晶粒
分布图及其体积分数直方图
（a）AR-1P；（b）AR-4P；（c）PT-1P；（d）PT-4P；（e）体积分数

图 6-17 为剪切试样各亚区域的 IPF 图和极图子集。经受剪切变形后的试样均具有典型的双晶组织，其中许多粗大晶粒为变形晶粒，而细小晶粒则是动态再结晶导致的结果。剪切试样再结晶晶粒和未再结晶晶粒的织构轮廓与图 6-15 中整体晶粒的极图基本一致。此外，与整体晶粒的织构强度相比，未再结晶晶粒的织构更强，而再结晶晶粒的织构更弱，极密度分布也更加随机。因此，最终的织构是变形晶粒和亚晶粒引起的织构强化和再结晶晶粒引起的织构弱化之间的折中。Biswas 等人[27]对这一现象早有发现，即再结晶晶粒的发生伴随着变形晶粒和再结晶晶粒之间的关于 [0002] 方向的 30°取向偏转。

图 6-18（a）~（c）为单纯剪切试样的再结晶行为。在图 6-14（b）中选取的区域Ⅰ中（AR-1P 试样），变形母晶呈拉长状态，在母晶（晶粒 P）周围观察到大量细小的再结晶晶粒，其晶界呈锯齿状（G1~G42）。在母晶晶界附近形成了许多亚晶界，取向差进一步增大时，这些亚晶界可能会转变为再结晶晶粒。Shen 等人[28]认为，镁合金在热变形过程中，堆积的位错湮灭并重排形成大量小角度晶界，之后通过几何必需位错的连续同化形成更加细小的再结晶晶粒。此外，通过观察母晶和再结晶晶粒的晶体学取向关系，可以发现它们具有较为接近的取

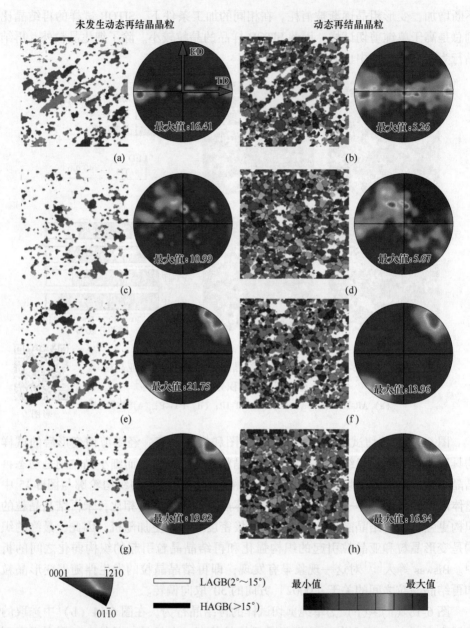

图 6-17 剪切试样中再结晶晶粒和未再结晶晶粒的 IPF 图和极图

(a)(b) AR-1P;(c)(d) AR-4P;(e)(f) PT-1P;(g)(h) PT-4P

向。变形晶粒的取向以较小角度偏离基面织构，动态再结晶晶粒的取向围绕母晶散布（见图 6-18（b））。图 6-18（a）中沿 $A{\rightarrow}B$ 方向的点到原点取向差表明，在母晶 P 内部，取向差逐渐增加至 22°左右，母晶内部存在强烈的晶格畸变和位

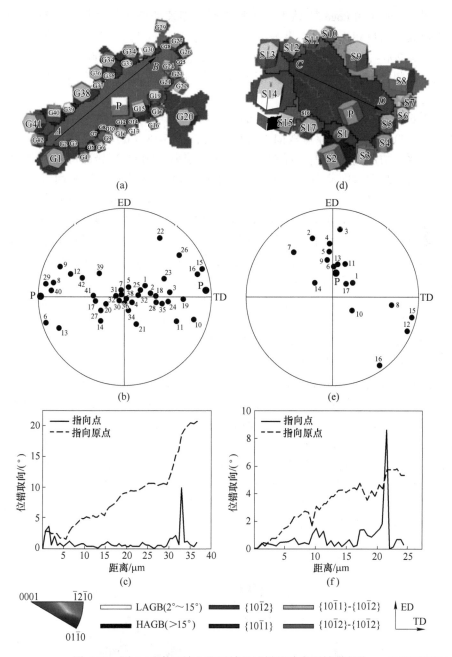

图 6-18　图 6-14 中区域 Ⅰ 和区域 Ⅱ 试样的动态再结晶行为

（a）（d）IPF 图；（b）（e）（0001）极图；（c）（f）取向差-位移曲线图

（a）~（c）AR-1P（区域 Ⅰ）；（d）~（f）AR-4P（区域 Ⅱ）

彩图

错积累。Huang 和 Logé[13]认为，通常典型的连续动态再结晶具有强畸变、母晶内部形成亚晶粒和锯齿状晶界等特征。此外，Galiyev 等人[15]指出，连续动态再结晶主导 200~250 ℃的热变形，而非连续动态再结晶则是 300~450 ℃高温变形的主要控制机制。据此，可以推断连续动态再结晶机制主导了 AR-1P 试样的动态回复和再结晶过程。

图 6-18（d）~（f）为图 6-14（d）中区域Ⅱ的再结晶行为（AR-4P 试样）。从图 6-18（f）中的点到原点取向差可以看出，图 6-18（d）中沿黑色箭头方向的取向差逐渐增加到 6°左右，晶粒 P 内部畸变较小。（0001）极图母晶 P 和周围细小的再结晶晶粒取向分布基本相同，均以较大角度偏离 TD-ND 平面（见图 6-18（e）），这一结果可以通过图 6-18（a）中的三维晶体取向验证。在母晶晶界附近出现大量白色的小角度晶界。通常随着应变增加，这些小角度晶界会通过捕获更多可动位错而转变成大角度晶界，最终在亚晶粒的基础上形成新的动态再结晶晶粒，因此，动态再结晶晶粒在连续动态再结晶主导下继承了母晶的取向。AR-1P 和 AR-4P 试样都发生了连续动态再结晶，导致晶粒取向发生改变。如前所述，剪切应变使得具有基面织构的初始晶粒取向发生偏转，新生成的再结晶晶粒在细化晶粒的同时，也继承了偏转后的母晶取向。以往文献也报道了在传统的 ECAP 过程中出现相似的再结晶机制[29]，但是对于新开发的 SITOR 工艺，动态再结晶机制尚不清楚，所以进一步地研究是非常必要的。

图 6-19 展示了图 6-14（f）和（h）中区域Ⅲ和Ⅳ的动态再结晶行为。在区域Ⅲ中（PT-1P 试样），晶粒 P 内部形成了大量亚晶界。晶粒 P 中沿 A→B 的点到原点取向差显示取向差逐渐增加到 16°左右，表明晶粒内畸变较强，且位错活动十分活跃。同时，许多动态再结晶晶粒在母晶晶界附近呈项链状分布，亚晶界在此区域积聚。据此不难推断，再结晶晶粒的形核与亚晶界不断吸收位错有关，这种形成新的再结晶晶粒方式属于明显的连续动态再结晶机制。在相应的（0001）极图（见图 6-19（b））中，动态再结晶晶粒倾向于沿剪切面分布，且相对于母晶没有明显的取向偏离。

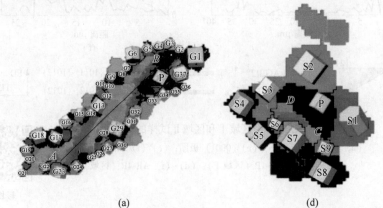

(a)   (d)

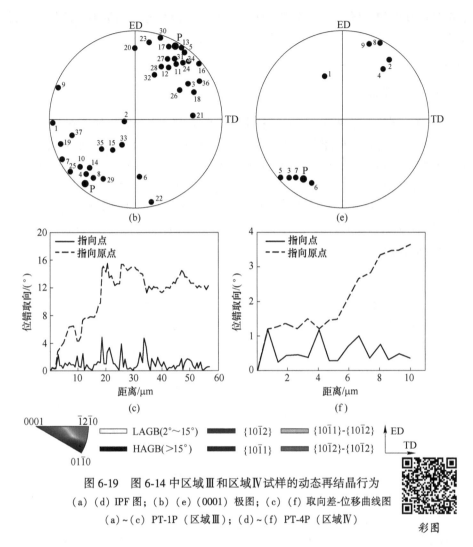

图 6-19   图 6-14 中区域Ⅲ和区域Ⅳ试样的动态再结晶行为

（a）（d）IPF 图；（b）（e）（0001）极图；（c）（f）取向差-位移曲线图

（a）～（c）PT-1P（区域Ⅲ）；（d）～（f）PT-4P（区域Ⅳ）

彩图

在图 6-19 的区域Ⅳ（PT-4P 试样）中，大多数细小的再结晶晶粒（S1～S8）在亚晶界附近生成。再结晶晶粒与相邻母晶 P 具有相似的晶体学取向（见图 6-19（d））。从点到原点的取向差曲线可以看出，沿 $C{\to}D$ 方向的取向差逐渐增大，表明晶粒 P 内部位错活度较高，属于典型的连续动态再结晶机制。图 6-19（e）提供了图 6-19（a）中所涉及的晶粒的取向分布，再结晶晶粒紧密分布在母晶 P 周围。综上分析，连续动态再结晶机制主导了所有剪切试样的再结晶过程，且再结晶过程中没有出现明显的晶体学取向变化，新生成的再结晶晶粒与其相邻母晶取向接近。Barrett 等人[30]认为，再结晶晶粒围绕 [0001] 轴相对母晶旋转 30°，与本章试验结果相符。与单纯剪切加工过程相比，SITOR 变形中初始孪晶的取向受剪切应变调控，随着剪切应变的增加，剪切织构组分更加集中。此外，连续动态再结晶主导再结晶行为，在细化晶粒的同时使再结晶晶粒继承了调控后的母晶取向。

6.4.3　力学性能

两种不同加工条件下 AZ31 合金的拉伸真实应力应变曲线如图 6-20 所示。在室温下，单纯剪切试样随着剪切应变增加，屈服强度逐渐降低。屈服强度未随晶粒尺寸减小而增大，不符合 Hall-Petch 关系[31]。结合图 6-15（a）和（b）可以推断，除晶粒尺寸外，织构改变对强度变化起着更重要的作用。单纯剪切试样的断裂伸长率呈阶梯状上升，这是晶粒细化和织构弱化共同作用的结果。Zúberová等人[32]在 ECAP 变形后的 AZ31 合金中发现了类似现象，之后将针对此现象进行更为详细的分析。

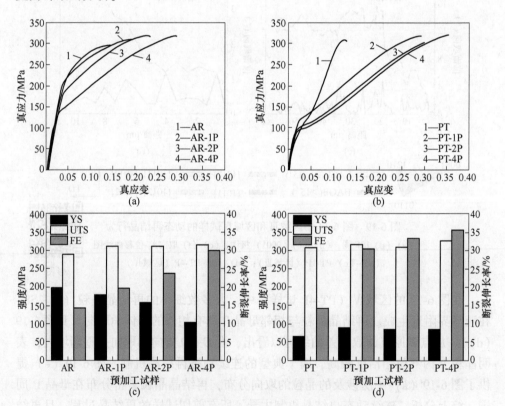

图 6-20　不同变形状态试样的真实应力应变曲线和统计值

（a）（c）单纯剪切工艺；（b）（d）SITOR 工艺

YS—屈服强度；UTS—极限抗拉强度；FE—断裂伸长率

图 6-20（b）和（d）为 SITOR 试样在单轴拉伸下的力学性能。预置孪晶试样的拉伸曲线呈凹形，表明其变形机理不同于原始试样。原始试样的屈服强度为197.4 MPa，预压缩后降至 63.4 MPa。Barnett[33] 指出，去孪生过程不需要形核，且预孪晶试样在反向加载过程中很容易激活去孪生，因此通常具有较低的屈服强度。此外，预孪晶试样的极限抗拉强度略有提高，而断裂伸长率几乎没有变化。Cheng 等人[34] 认为，简单的预置孪晶不能显著提高镁合金的塑性，但孪生引起晶体取向的改变有利于后续变形过程中基面滑移的激活。引入单道次剪切变形后，PT-1P 试样晶粒显著细化，形成了理想剪切织构。PT-1P 试样的屈服强度高于 PT 试样，符合 Hall-Petch 关系，说明在此过程中，晶粒细化效果大于织构弱化。值得注意的是，PT-1P 试样的断裂伸长率远高于 PT 试样，这一结果证实了Cheng 等人的结论。随着剪切应变的增加，屈服强度逐渐减小，断裂伸长率的改善幅度较小。综合上述结果，PT-1P 试样的断裂伸长率与 AR-4 试样基本相同，表明 SITOR 方法在提高镁合金延展性方面确有更加显著的优势。

6.4.4 增塑机理

HCP 金属的力学性能差异取决于位错运动，位错运动在塑性变形过程中表现为滑移系的开动。图 6-21 为原始试样和单纯剪切试样沿 ED 加载时基面滑移 $\{0001\}<11\bar{2}0>$、柱面滑移 $\{10\bar{1}0\}<11\bar{2}0>$ 和锥面滑移 $\{11\bar{2}2\}<11\bar{2}\bar{3}>$ 的 SF 值分布。一般来说，SF 值的变化可以显示滑移系的激活倾向[35]。Zhu 等人[36] 认为，镁合金中各滑移系的 CRSS 值存在明显差异，其中，基面滑移在室温变形时的CRSS 值最低，因而最易启动。从图 6-21 可以看出，在不同的变形条件下，试样的 SF 值有明显不同。基面滑移的 SF 值随剪切应变增大而增大，而柱面滑移和锥面滑移的 SF 值变化趋势则正好相反。Huang 等人[37] 认为，基面滑移与非基面滑移的 SF 值之比增大则表示基面滑移更加活跃。在原始试样中，大多数晶粒的柱面滑移更加活跃。剪切应变的引入使晶粒取向发生偏转，根据施密特定律，织构的变化有利于基面滑移的开动（AR-1P 试样）。随着剪切应变增加，基面滑移的SF 值显著增加到 0.323。

基面滑移

 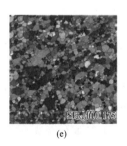 

（a）　　　　　　　　　　（e）　　　　　　　　　　（i）

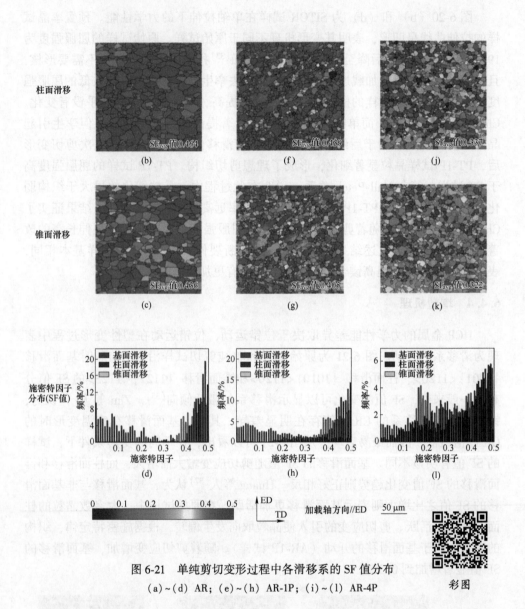

图 6-21 单纯剪切变形过程中各滑移系的 SF 值分布

(a)~(d) AR；(e)~(h) AR-1P；(i)~(l) AR-4P

彩图

    SITOR 变形过程中各试样主要滑移系的 SF 值如图 6-22 所示。与 PT 试样相比，预置孪晶试样的基面滑移 SF 值变化不大，而柱面滑移的 SF 值急剧下降。在预置孪晶试样中引入剪切应变后，剪切织构的出现使得 PT-1P 试样的基面滑移 SF 值大大提高，剪切应变的增加进一步增强了这一效果。为了进一步研究单纯剪切和 SITOR 工艺制备 AZ31 合金在室温拉伸下的滑移活动，并研究其对力学性能的影响，进行了基于 VPSC 模型的晶体塑性模拟。

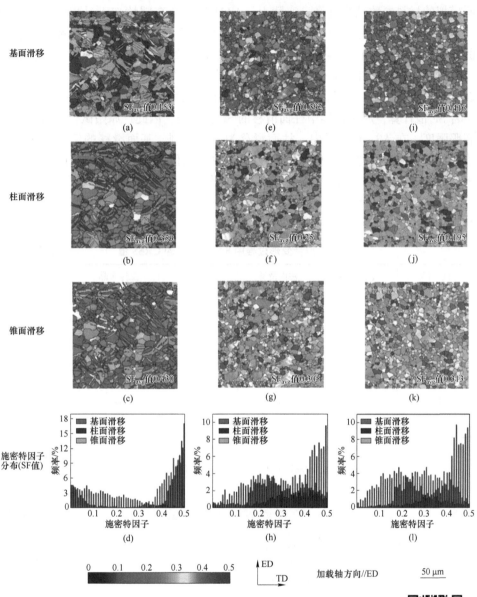

图 6-22 SITOR 变形过程中各滑移系的 SF 值分布
(a) ~ (d) PT；(e) ~ (h) PT-1P；(i) ~ (l) PT-4P

彩图

　　VPSC 模型包含基面滑移、柱面滑移、锥面滑移、拉伸孪晶和压缩孪晶 5 种变形模式。在此基础上，通过模拟获得的各滑移系 CRSS 值见表 6-4。从图 6-23 和图 6-24 可以看出，拟合的应力-应变曲线和初始织构与实验结果吻合良好，表明模拟的材料参数较为可靠。实际上，AZ31 镁合金在塑性加工过程中的滑移和孪生活动对力学性能的影响很大，为明确两种加工条件下力学性能的差异，相应的滑移和孪生活动如图 6-23 和图 6-24 所示。图 6-23 中，原始试样的变形机制以柱面滑移为主。Koike 和 Ohyama[38] 认为，镁合金中晶粒 c 轴向加载方向倾斜不超过 16.5° 时，塑性变形主要以柱面滑移为主，这与本章的研究结果一致。同时，结合 SF 值计算，原始试样中柱面滑移的 SF 值较高，因此，原始试样具有较高的屈服强度。在 AR-1P 试样中，柱面滑移为主导机制。基面滑移的活动因织构的小角度偏转而略有增加，但柱面滑移仍占主导地位。随着剪切应变的进一步引入，晶粒 c 轴偏离 TD-ND 平面更多，早期拉伸变形过程中基面滑移更加活跃。在 AR-4P 试样中，由于主导变形的基面滑移 CRSS 值更低，屈服强度降低，断裂伸长率大大提高。

表 6-4　拟合变形过程中 5 种滑移系的 CRSS 值　　　　　（MPa）

试　样	基面滑移	柱面滑移	锥面滑移	拉伸孪晶	压缩孪晶
AR	45	110	200	28	250
AR-1P	45	126	200	60	250
AR-4P	45	110	200	60	250
PT	20	65	190	15	250
PT-1P	50	130	200	65	250
PT-4P	45	110	200	60	250

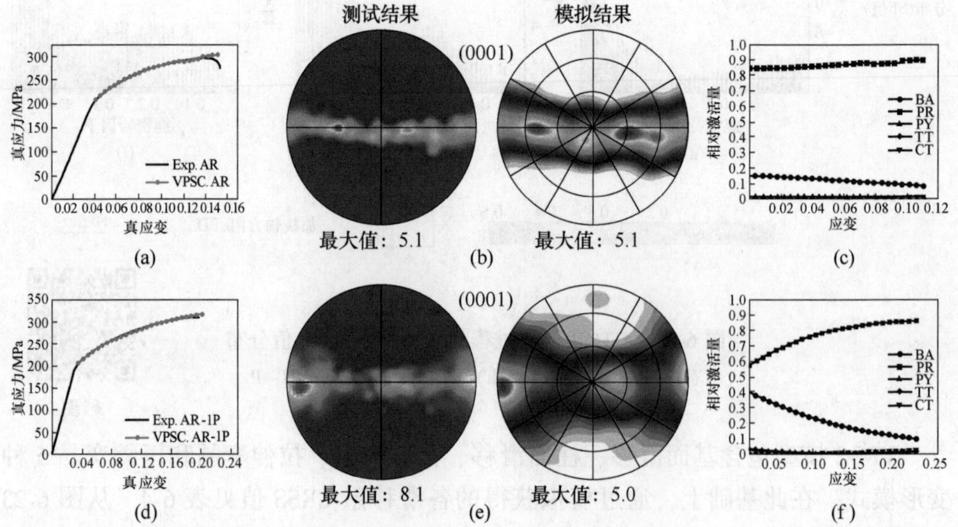

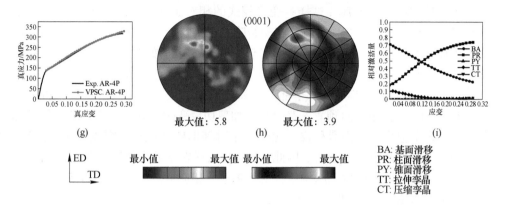

BA: 基面滑移
PR: 柱面滑移
PY: 锥面滑移
TT: 拉伸孪晶
CT: 压缩孪晶

图 6-23 单纯剪切变形过程中各试样的滑移活动
（a）~（c）AR；（d）~（f）AR-1P；（g）~（i）AR-4P

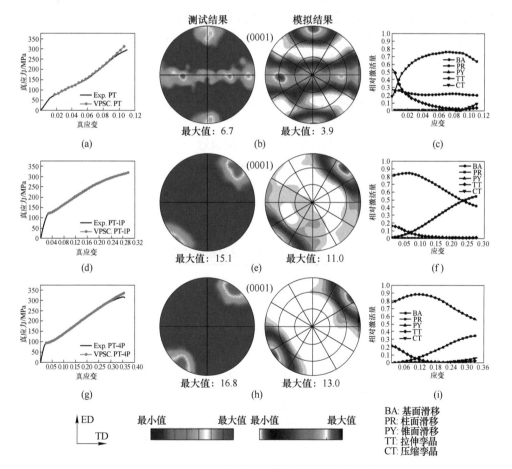

BA: 基面滑移
PR: 柱面滑移
PY: 锥面滑移
TT: 拉伸孪晶
CT: 压缩孪晶

图 6-24 SITOR 变形过程中各试样的滑移活动
（a）~（c）PT；（d）~（f）PT-1P；（g）~（i）PT-4P

单轴拉伸过程中 SITOR 试样各变形模式的相对激活量如图 6-24 所示。对于预置孪晶合金（见图 6-24（c）），在初始阶段观察到十分活跃的去孪生，而后期变形由柱面滑移主导。由于拉伸孪生引起的晶粒重定向效应，晶粒 c 轴从 TD-ND 平面向 ED 偏转 86°，反向加载过程中发生去孪生，且主导塑性变形。Liu 等人[39]指出，随着进一步加载，孪晶取向恢复到初始位置，柱面滑移重新占据上风。在 PT-1P 试样中，对预置孪晶合金施加剪切应变时，基面滑移在各个阶段都最大程度调节应变，柱面滑移仅在拉伸开始时辅助塑性流动。根据施密特定律，剪切织构有利于基面滑移激活。因此，PT-1P 试样在室温下的断裂伸长率明显提高。引入更多剪切应变后，织构组分更加集中。相应地，主导变形的基面滑移对塑性变形的贡献更大，PT-4P 试样的延展性进一步提高。

上述对比研究的结果可以很好地解释单纯剪切和 SITOR 加工后试样力学性能的差异。传统 ECAP 变形难以在较少道次内形成剪切织构，因此主要变形机制为柱面滑移。而对预置孪晶试样在 SITOR 过程中引入单道次剪切变形，形成有利于基面滑移激活的剪切织构。延展性的显著提高证明了 SITOR 理念的优越性，施加更大剪切应变可进一步提高增塑效果。

6.5　不同温度剪切应变调控孪晶取向及力学性能

本节选取原始试样和增塑效果相对较好的预置 3% 初始孪晶试样作为研究对象，采用 Bc 路径在 175 ℃、200 ℃、250 ℃和 300 ℃下分别引入单道次剪切变形，经过不同加工过程的 AZ31 镁合金试样命名见表 6-5。之后对不同变形状态的试样进行微观组织观察和力学性能测试，研究不同温度剪切应变调控孪晶取向及力学性能。

表 6-5　AZ31 合金变形工艺及相关试样编号

剪切温度/℃	AR 试样	PT3% 试样
175	AR-175 ℃-1P	PT-175 ℃-1P
200	AR-200 ℃-1P	PT-200 ℃-1P
250	AR-250 ℃-1P	PT-250 ℃-1P
300	AR-300 ℃-1P	PT-300 ℃-1P

6.5.1　织构演变

图 6-25 为 300 ℃下剪切变形后试样的 IPF 图、晶界结构图和（0001）极图。

由图可见，这两种不同变形状态的试样均未出现拉伸孪晶，PT-300 ℃-1P 试样的微观组织更加均匀，可能是因为 $\{10\bar{1}2\}$ 孪晶界的存在能够在高温变形过程中为动态再结晶提供更多的形核位置。原始试样在 300 ℃ 经过单道次剪切变形后，基面织构显著弱化，织构组分更加分散。预置孪晶试样在剪切变形后可以观察到剪切织构轮廓，但相较于前文所述在 200 ℃ 和 250 ℃ 获得的剪切织构，此时的晶粒取向更加分散。Galiyev 等人[15]指出，镁合金在 300 ℃ 变形时，由于温度升高，非基面滑移更易开动，在再结晶和多滑移开动的情况下织构也更易分散，织构弱化效果也更为显著。因此，有必要对剪切变形过程中动态再结晶和非基面滑移开动对晶粒取向变化的影响进一步分析。

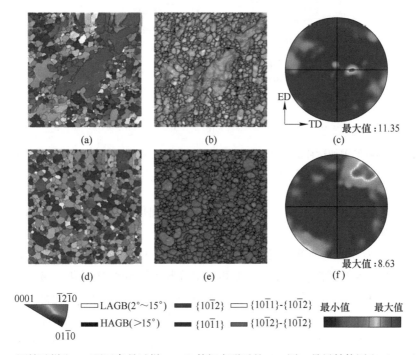

图 6-25　原始试样和 3%预置孪晶试样 300 ℃ 剪切变形后的 IPF 图、晶界结构图和（0001）极图
(a) ~ (c) AR-300 ℃-1P；(d) ~ (f) PT-300 ℃-1P

彩图

6.5.2　取向调控机制

为了进一步研究剪切试样的动态再结晶行为，通过 Channel 5 计算了 300 ℃ 剪切变形试样的再结晶亚区域分布情况。两种状态下变形试样的再结晶晶粒、变形晶粒、亚晶粒及其体积分数直方图如图 6-26 所示。预置初始孪晶后，试样在剪切变形过程中更容易发生动态再结晶，PT-300 ℃-1P 试样中再结晶晶粒的比

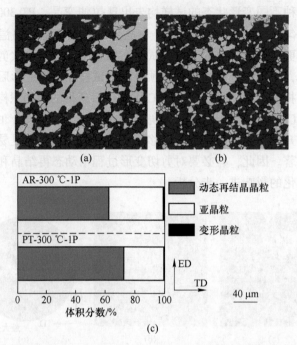

图 6-26　300 ℃剪切试样的再结晶晶粒、变形晶粒和亚晶粒分布图及其体积分数直方图
(a) AR-300 ℃-1P；(b) PT-300 ℃-1P；(c) 三种晶粒的体积分数

例更高，晶粒也更加细小均匀。动态再结晶除了细化晶粒，在弱化织构方面也起着重要作用。

　　图 6-27 为 300 ℃下剪切变形试样中未再结晶晶粒和再结晶晶粒的极图。在原始试样中引入单道次剪切变形，未再结晶晶粒的基面织构弱化，极密度中心位于 TD-ND 平面。再结晶晶粒的取向朝 ED 小角度偏转，织构组分更加分散，未再结晶晶粒和再结晶晶粒的织构组分轮廓并不完全重合。而在预置孪晶试样中引入单道次剪切变形后，可以在未再结晶晶粒中观察到明显的剪切织构轮廓，再结晶晶粒取向围绕剪切织构分布，织构强度低且取向分散程度较高。由此推断，在 AR-300 ℃-1P 和 PT-300 ℃-1P 试样中连续和非连续再结晶并存，部分新生成的细小再结晶晶粒继承了相邻母晶的取向，而一部分晶界弓出形成的晶粒则具有随机取向。

　　综上所述，剪切变形温度在 175 ℃、200 ℃和 250 ℃时，粗大变形晶粒在剪切应变的作用下被拉长，在动态再结晶过程中产生了大量细小的再结晶晶粒，整体显微组织呈项链状分布，小晶粒包围大晶粒。随温度升高，晶粒逐渐长大。在 300 ℃引入单道次剪切变形后，由于温度较高，再结晶程度较高，且再结晶晶粒极易长大，最终形成的组织较为均匀。在不同温度下加工的剪切试样，孪晶取向调控试样相较单纯剪切试样其组织更加细小均匀，主要是因为初始孪晶的存在能够为剪切变形过程中的动态再结晶提供更多形核位置。在织构调控方面，在不同温度下引入单道次剪切变形，单纯剪切试样的基面织构都只有轻微的小角度偏转，而孪晶取向调控试样均出现了剪切织构，孪晶取向朝 TD 偏转 45°左右，有利于基面滑移 SF 值的提高。连续动态再结晶主导了175 ℃、200 ℃和250 ℃剪切过程中的变形行为，新生成的细小再结晶晶粒继承了相邻母晶取向，围绕剪切织构分布，而 300 ℃剪切试样中连续和非连续再结晶并存，因而其织构组分更加分散。不同温度下变形试样的组织分布和织构演变的差异可能会影响材

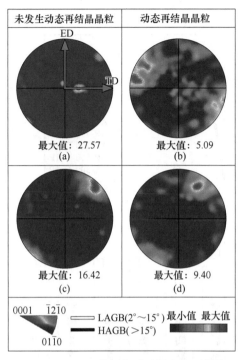

图 6-27　300 ℃剪切变形试样中未再结晶晶粒和再结晶晶粒的极图

料的力学性能，因此有必要对拉伸过程中的力学响应进一步研究，分析微观组织变化对其造成的影响。

6.5.3　力学性能

图6-28 为不同温度下单纯剪切和SITOR 变形后的试样沿 ED 拉伸的真实应力应变曲线及其相应力学性能。图6-28 中，原始试样的断裂伸长率仅有 14.3%，在不同温度下引入剪切变形后试样断裂伸长率均有不同程度提升，其中 AR-200 ℃-1P试样的断裂伸长率最高，为22.7%。剪切变形后，在织构弱化的作用下，试样的屈服强度变小。而随着温度升高，单纯剪切试样强度也逐渐增大，AR-300 ℃-1P试样的屈服强度达到 192.0 MPa。变形温度越低，晶粒尺寸越小，晶粒尺寸分布却不均匀，大量变形粗晶保留，变形过程中粗大晶粒内部变形抗力较小，因此导致其屈服强度较低。随着温度升高，试样的再结晶程度逐渐提高，变形粗晶更容易发生动态再结晶而使晶粒细化，细小的再结晶晶粒长大，AR-300 ℃-1P 试样的组织趋于均匀，整体试样中变形抗力变大，因此 AR-300 ℃-1P 试样的屈服强度最高。

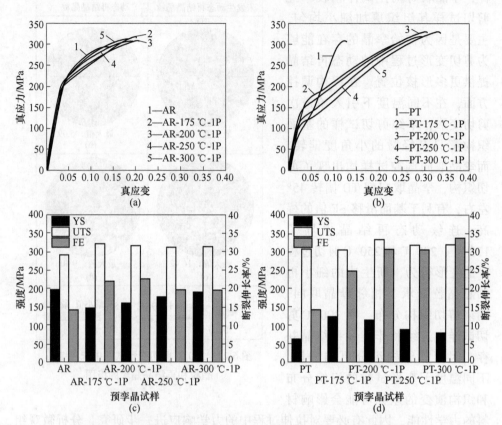

图 6-28   不同温度下试样的真实应力应变曲线和力学性能统计值

（a）原始试样；（b）预孪晶试样；（c）原始试样的力学性能；（d）预孪晶试样的力学性能

YS—屈服强度；UTS—极限抗拉强度；FE—断裂伸长率

　　预压缩 3% 后，试样中产生大量拉伸孪晶，沿 ED 反向拉伸过程中，变形机制以去孪生为主，由于去孪生过程不需要形核，因此预置孪晶试样的屈服强度大大降低。预置孪晶虽能使晶粒大角度偏转，但对塑性提升没有明显作用，与原始试样相比，断裂伸长率几乎没有变化。在 175 ℃引入剪切应变，试样的屈服强度提高到 123.8 MPa，随着温度升高，试样的屈服强度逐渐减小，PT-300 ℃-1P 试样的屈服强度仅有 81.0 MPa，但也高于预置孪晶试样的 63.4 MPa。预置孪晶后在不同温度下引入剪切变形，试样的断裂伸长率获得大幅度提升，这一现象主要归功于剪切织构的形成，基面织构显著弱化，有利于基面滑移开动。与单纯剪切试样相比，SITOR 试样的整体延展性更好，显示出不同剪切温度下 SITOR 理念的优越性。

6.5.4 增塑机理

不同变形温度下试样的力学性能也有显著差异。通过前文 SF 值计算和 VPSC 模拟，200 ℃和 250 ℃变形的单纯剪切试样以柱面滑移为主，屈服强度较高，断裂伸长率提升较小。而 SITOR 试样在单轴拉伸过程中以基面滑移为主，延展性大幅度提高。300 ℃下剪切试样在拉伸过程中的变形机制尚不十分清楚，需要进一步分析。图 6-29 为 300 ℃剪切试样沿 ED 加载时基面滑移 {0001}<11$\bar{2}$0>、柱面滑移 {10$\bar{1}$0}<11$\bar{2}$0>和锥面滑移 {11$\bar{2}$2}<11$\bar{2}$3>的 SF 值分布。在镁合金中，一般 SF 值越大，则该滑移系的开动倾向越大。从图 6-29 中可以看出，两种不同加工条件下试样各滑移系的 SF 值明显不同。AR-300 ℃-1P 试样中锥面滑移 SF 值最大，但镁合金在室温条件下变形时锥面滑移由于 CRSS 值过大一般难以开动；柱面滑移 SF 值次之，基面滑移 SF 值较小，因此在拉伸过程中柱面滑移和基面滑移可能共同协调变形。而 PT-300 ℃-1P 试样基面滑移 SF 值最大，且基面滑移在室温变形过程中的 CRSS 值最小，因此基面滑移可能主导该试样在室温拉伸过程中的变形行为。

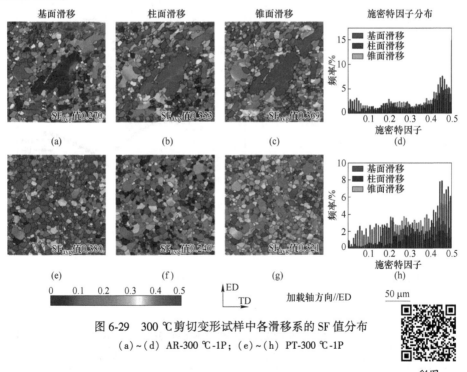

图 6-29 300 ℃剪切变形试样中各滑移系的 SF 值分布

(a)~(d) AR-300 ℃-1P；(e)~(h) PT-300 ℃-1P

彩图

SF 值计算仅能反映镁合金在变形过程中各滑移系的开动倾向，为了进一步定量研究两种剪切试样在室温拉伸过程中的滑移活动，进行了 VPSC

多晶塑性模拟。基于 EBSD 获得的晶体学取向信息，模拟了 AZ31 镁合金在单轴拉伸过程中基面滑移、柱面滑移、锥面滑移、拉伸孪晶及压缩孪晶共计 5 种变形机制的开动情况。图 6-30 为试样拟合的真实应力应变曲线和相对激活量，由图可见，拟合曲线与实验曲线吻合良好，表明模拟获得材料参数较为可靠。基于 VPSC 模拟获得各变形机制的 CRSS 值见表 6-6。如图 6-30（b）所示，AR-300 ℃-1P 试样在加载过程中柱面滑移和基面滑移共同协调变形，与 SF 值计算结果一致，因此 AR-300 ℃-1P 试样具有较高的屈服强度。而 PT-300 ℃-1P 试样由于剪切织构的形成，基面滑移 SF 值大幅提高，因此促进基面滑移开动，基面滑移主导了变形过程；由于基面滑移的 CRSS 值较低，因此 PT-300 ℃-1P 试样展现出较低的屈服强度和较高的断裂伸长率。

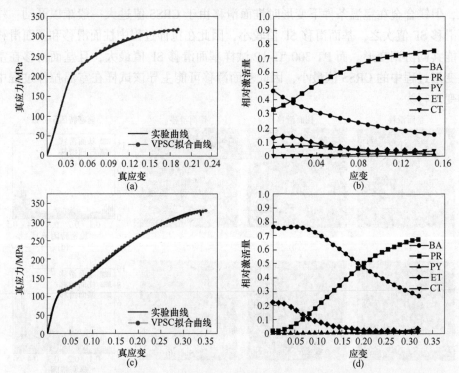

图 6-30　300 ℃ 剪切试样的拟合真实应力应变曲线和各变形机制的相对激活量
（a）（b）AR-300 ℃-1P；（c）（d）PT-300 ℃-1P

表 6-6　300 ℃ 剪切试样中 5 种变形机制的拟合 CRSS 值　　　　（MPa）

试　　样	基面滑移	柱面滑移	锥面滑移	拉伸孪晶	压缩孪晶
AR-300 ℃-1P	80	135	180	90	250
PT-300 ℃-1P	45	110	200	65	250

　　综合上述研究结果可以发现，单纯剪切试样在不同温度下单道次变形后，织构弱化效果不明显，单轴拉伸过程中以柱面滑移为主，塑性提升有限。不同温度下制备的单道次 SITOR 试样实现了快速获取剪切织构的目的，基面滑移 SF 值大幅提高，促进基面滑移开动，因此显著提高了 AZ31 镁合金在室温下的延展性，展示了 SITOR 工艺在不同温度条件下的优越性，整体塑性远远高于单纯剪切试样。

参 考 文 献

[1] HE W, ZENG Q, YU H, et al. Improving the room temperature stretch formability of a Mg alloy thin sheet by pre-twinning [J]. Materials Science and Engineering A, 2016, 655: 1-8.

[2] SONG B, XIN R, CHEN G, et al. Improving tensile and compressive properties of magnesium alloy plates by pre-cold rolling [J]. Scripta Materialia, 2012, 66 (12): 1061-1064.

[3] YU H, XIN Y, ZHOU H, et al. Detwinning behavior of Mg-3Al-1Zn alloy at elevated temperatures [J]. Materials Science and Engineering A, 2014, 617: 24-30.

[4] SUH J, VICTORIA-HERNANDEZ J, LETZIG D, et al. Improvement in cold formability of AZ31 magnesium alloy sheets processed by equal channel angular pressing [J]. Journal of Materials Processing Technology, 2015, 217: 286-293.

[5] CHEN S F, SONG H W, ZHANG S H, et al. Effect of shear deformation on plasticity, recrystallization mechanism and texture evolution of Mg-3Al-1Zn alloy sheet: Experiment and coupled finite element-VPSC simulation [J]. Journal of Alloys and Compounds, 2019, 805: 138-152.

[6] SOMEKAWA H, YI J, SINGH A, et al. Microstructural evolution via purity grade of magnesium produced by high pressure torsion [J]. Materials Science and Engineering A, 2021, 823: 141735.

[7] YIN S M, WANG C H, DIAO Y D, et al. Influence of grain size and texture on the yield asymmetry of Mg-3Al-1Zn alloy [J]. Journal of Materials Science & Technology, 2011, 27 (1): 29-34.

[8] GE Q, DELLASEGA D, DEMIR A G, et al. The processing of ultrafine-grained Mg tubes for biodegradable stents [J]. Acta Biomaterialia, 2013, 9 (10): 8604-8610.

[9] XIN Y, ZHOU H, WU G, et al. A twin size effect on thermally activated twin boundary migration in a Mg-3Al-1Zn alloy [J]. Materials Science and Engineering A, 2015, 639: 534-539.

[10] ZHANG X, LOU C, TU J, et al. Plasticity induced by twin lamellar structure in magnesium alloy [J]. Journal of Materials Science & Technology, 2013, 29 (12): 1123-1128.

[11] DONG B, CHE X, WANG Q, et al. Refining the microstructure and modifying the texture of the AZ80 alloy cylindrical tube by the rotating backward extrusion with different rotating revolutions [J]. Journal of Alloys and Compounds, 2020, 836: 155442.

[12] PAN X, WANG L, LU P, et al. Unveiling the planar deformation mechanisms for improved formability in pre-twinned AZ31 Mg alloy sheet at warm temperature [J]. Journal of Magnesium

and Alloys, 2022, 11 (12): 4659-4678.

[13] HUANG K, LOGÉ R E. A review of dynamic recrystallization phenomena in metallic materials [J]. Materials & Design, 2016, 111: 548-574.

[14] GUAN D, RAINFORTH W M, GAO J, et al. Individual effect of recrystallisation nucleation sites on texture weakening in a magnesium alloy: Part 2—Shear bands [J]. Acta Materialia, 2018, 145: 399-412.

[15] GALIYEV A, KAIBYSHEV R, GOTTSTEIN G. Correlation of plastic deformation and dynamic recrystallization in magnesium alloy ZK60 [J]. Acta Materialia, 2001, 49 (7): 1199-1207.

[16] QIANG G, MOSTAED E, ZANELLA C, et al. Ultra-fine grained degradable magnesium for biomedical applications [J]. Rare Metal Materials and Engineering, 2014, 43 (11): 2561-2566.

[17] DOGAN E, VAUGHAN M W, WANG S J, et al. Role of starting texture and deformation modes on low-temperature shear formability and shear localization of Mg-3Al-1Zn alloy [J]. Acta Materialia, 2015, 89: 408-422.

[18] LU S H, WU D, CHEN R S, et al. The effect of twinning on dynamic recrystallization behavior of Mg-Gd-Y alloy during hot compression [J]. Journal of Alloys and Compounds, 2019, 803: 277-290.

[19] WANG Q, LIU L, JIANG B, et al. Twin nucleation, twin growth and their effects on annealing strengths of Mg-Al-Zn-Mn sheets experienced different pre-compressive strains [J]. Journal of Alloys and Compounds, 2020, 815: 152310.

[20] WANG Q, JIANG B, ZHAO J, et al. Pre-strain effect on twinning and de-twinning behaviors of Mg-3Li alloy traced by quasi-in-situ EBSD [J]. Materials Science and Engineering A, 2020, 798: 140069.

[21] CACERES C H, LUKAC P, BLAKE A J P M. Strain hardening due to $\{10\bar{1}2\}$ twinning in pure magnesium [J]. Philosophical Magazine, 2008, 88 (7): 991-1003.

[22] LOU C, ZHANG X, DUAN G, et al. Characteristics of twin lamellar structure in magnesium alloy during room temperature dynamic plastic deformation [J]. Journal of Materials Science & Technology, 2014, 30 (1): 41-46.

[23] LIU C, ZHENG H, GU X, et al. Effect of severe shot peening on corrosion behavior of AZ31 and AZ91 magnesium alloys [J]. Journal of Alloys and Compounds, 2019, 770: 500-506.

[24] HONG S G, PARK S H, LEE C S. Role of $\{10\bar{1}2\}$ twinning characteristics in the deformation behavior of a polycrystalline magnesium alloy [J]. Acta Materialia, 2010, 58 (18): 5873-5885.

[25] BEYERLEIN I J, TÓTH L S. Texture evolution in equal-channel angular extrusion [J]. Progress in Materials Science, 2009, 54 (4): 427-510.

[26] SAYARI F, ROUMINA R, MAHMUDI R, et al. Comparison of the effect of ECAP and SSE on microstructure, texture, and mechanical properties of magnesium [J]. Journal of Alloys and Compounds, 2022, 908: 164407.

[27] BISWAS S, BEAUSIR B, TOTH L S, et al. Evolution of texture and microstructure during hot torsion of a magnesium alloy [J]. Acta Materialia, 2013, 61 (14): 5263-5277.

[28] SHEN J, ZHANG L, HU L, et al. Effect of subgrain and the associated DRX behaviour on the texture modification of Mg-6.63Zn-0.56Zr alloy during hot tensile deformation [J]. Materials Science and Engineering: A, 2021, 823: 141745.

[29] TONG L B, CHU J H, SUN W T, et al. Development of a high-strength Mg alloy with superior ductility through a unique texture modification from equal channel angular pressing [J]. Journal of Magnesium and Alloys, 2021, 9 (3): 1007-1018.

[30] BARRETT C D, IMANDOUST A, OPPEDAL A L, et al. Effect of grain boundaries on texture formation during dynamic recrystallization of magnesium alloys [J]. Acta Materialia, 2017, 128: 270-283.

[31] ZHANG H, JIN W, FAN J, et al. Grain refining and improving mechanical properties of a warm rolled AZ31 alloy plate [J]. Materials Letters, 2014, 135: 31-34.

[32] ZÚBEROVÁ Z, ESTRIN Y, LAMARK T T, et al. Effect of equal channel angular pressing on the deformation behaviour of magnesium alloy AZ31 under uniaxial compression [J]. Journal of Materials Processing Technology, 2007, 184 (1): 294-299.

[33] BARNETT M R. Twinning and the ductility of magnesium alloys: Part Ⅰ: "Tension" twins [J]. Materials Science and Engineering A, 2007, 464 (1): 1-7.

[34] CHENG W, WANG L, ZHANG H, et al. Enhanced stretch formability of AZ31 magnesium alloy thin sheet by pre-crossed twinning lamellas induced static recrystallizations [J]. Journal of Materials Processing Technology, 2018, 254: 302-309.

[35] GUO R, WANG Q, MENG Y, et al. Compressive stress and shear stress on the deformation mechanism of Mg-13Gd-4Y-2Zn-0.5Zr alloy at different deformation temperatures [J]. Journal of Materials Research and Technology, 2022, 18: 1802-1821.

[36] ZHU G, WANG L, ZHOU H, et al. Improving ductility of a Mg alloy via non-basal <a> slip induced by Ca addition [J]. International Journal of Plasticity, 2019, 120: 164-179.

[37] HUANG Z, WANG L, ZHOU B, et al. Observation of non-basal slip in Mg-Y by in situ three-dimensional X-ray diffraction [J]. Scripta Materialia, 2018, 143: 44-48.

[38] KOIKE J, OHYAMA R. Geometrical criterion for the activation of prismatic slip in AZ61 Mg alloy sheets deformed at room temperature [J]. Acta Materialia, 2005, 53 (7): 1963-1972.

[39] LIU T, YANG Q, GUO N, et al. Stability of twins in Mg alloys—A short review [J]. Journal of Magnesium and Alloys, 2020, 8 (1): 66-67.

7　平面剪切变形对预孪晶
AZ31 薄板组织及性能的影响

7.1　概　　述

{10$\bar{1}$2} 拉伸孪晶是协调镁合金塑性变形的一种重要方式，它可以使晶粒方向偏离基极 86.3°，因此，预孪晶是被用作弱化基面织构的有效方法。He 等人[1]沿横向（TD）将 {10$\bar{1}$2} 拉伸孪晶引入 AZ31 镁合金板材中，使杯突值比原始试样提高 34%。虽然拉伸孪晶的取向较软，使基面滑移激活，但不能获得促进基面滑移的最大施密德因子（SF）。根据施密特定律，当外加载荷方向与滑移方向和滑移面法线夹角同时为 π/4 时，镁合金基面滑移的 SF 值最大。因此，通过单独预孪晶工艺不能获得最好的成型性能。为了进一步提高成型性能，有必要采用另一种组合新技术来优化孪晶取向，获得最优的 SF 值。

已有文献报道，平面剪切变形有利于调控镁合金板材的基面织构[2-4]。Zhang 等人[5]在 AZ31 镁合金板材中引入剪切变形，当剪切变形达到 5% 时，基面织构弱化，织构强度从 11.7 下降到 8.4，因此，平面剪切变形和预孪晶都是弱化基面织构、提高成型性能的有效途径。基于这两种方法改变晶粒取向的原理，本书作者设想孪晶取向会受到平面剪切变形的二次调节。此外，镁合金的孪晶取向调控可以通过后续退火工艺进一步继承。本章引入平面剪切变形来控制预孪晶 AZ31 镁合金的初始孪晶取向，系统地研究了二次调控预孪晶 AZ31 镁合金板材的力学性能和成型性。

7.2　实验材料及方法

实验材料为 1 mm 厚的 AZ31 镁合金热轧板材，沿轧制方向（RD）切成长 150 mm、宽 65 mm 的矩形。所有初始矩形试样在 350 ℃退火 12 h 后被命名为 AS 试样。AS 试样沿着 TD 方向引入预孪晶变形。预孪晶时，首先将 150 mm×65 mm 的矩形板材放入预孪生模具中，如图 7-1 左侧所示，150 mm 的边与 RD 平行，然后用模具提供的螺钉紧固。将活动钢板放置在 AZ31 板材的上方，对钢板施加外力，带动 AZ31 镁合金板材变形。变形完成后，板材 TD 方向上的压缩量除以原宽度（65 mm）即为引入的预孪晶体积分数。预孪晶体积分数分别为 0、1%、3%和 5%。然后对预孪晶试样引入平面剪切变形。平面剪切变形，先在预孪晶板材的两侧和中间分别打两个孔，然后用螺钉将穿孔板固定在模具上，如图 7-1 中所示。最后，在模具中间滑杆施加外力，带动板材变形。平面剪切变形量分别为 0、1%、3%和 5%。工程剪切应变为 $\varepsilon = u/b$，预孪晶和剪切应变的应变速率均为 1×10^{-3} s^{-1}。

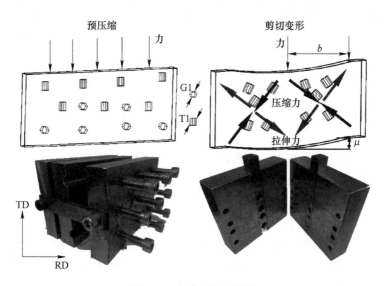

图 7-1 变形过程示意图

7.3 平面剪切变形调控不同体积分数预孪晶取向及成型性能

本节主要探究平面剪切变形对不同预孪晶体积分数 AZ31 镁合金板材微观组织、力学性能和成型性能的影响。因此，平面剪切变形的变形量为 5%，预孪晶体积分数为 0、1%、3%和 5%，将试样分别命名为 PT0S、PT1S、PT3S、PT5S。变形后，所有变形试样在 300 ℃下退火 1 h，分别命名为 PT0SA、PT1SA、PT3SA 和 PT5SA，两次退火处理后的试样均采用风冷冷却。

图 7-2 为原始试样的金相图和 EBSD 图。在 300 ℃下退火 12 h 后，原始试样的微观组织由不含孪晶的等轴晶组成，如图 7-2（a）所示，平均晶粒尺寸为 10.7 μm。从 IPF 图中可以看出，晶粒基面平行于试样平面，即晶粒 c 轴平行于法向，因此，大部分晶粒显示为红色。在（0001）极图中可以明显看出晶粒集中于极图中心，且其织构强度为 29.49。上述特征表明，原始试样为强基面织构镁合金板材。

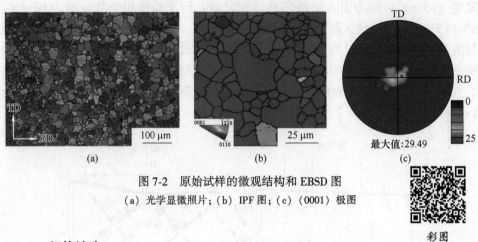

图 7-2　原始试样的微观结构和 EBSD 图
（a）光学显微照片；（b）IPF 图；（c）（0001）极图

彩图

7.3.1　织构演变

　　图 7-3 为各试样 IPF 图、晶界和（0001）极图。如图 7-3（a）所示，拉伸孪晶出现在 PT0S 试样晶粒中，有些晶粒部分孪生，由一个孪生区和剩余基体组成。众所周知，当垂直于 c 轴的外力作用在具有强基面织构的镁合金板材上时，就会产生孪晶。如上所述，平面剪切变形的应力为压应力和拉应力，因此，平面剪切变形过程中压应力是导致孪晶产生的主要原因，这意味着在平面剪切变形过程中产生孪晶所使用压缩应力与预孪晶过程中的压缩应力在表现形式上是不同的。之前的文献也证明了平面剪切变形可以产生压应力，从而诱发拉伸孪晶[5]。此外，试样的形状对应力状态也有很大的影响。Bouvier 等人[3]指出不同长宽比剪切变形试样的应力分布是不同的。本章研究的试样为长 150 mm、宽 65 mm，该试样在变形过程中可以分成两个大小相同的剪切试样。因此，尺寸长度为 65 mm、宽度为 50 mm。对于 PT0S 试样，当受到平面剪切变形时，根据几何关系可计算出 TD 方向分力大于 RD 方向分力，如图 7-1 中的 G1 所示。但预孪晶后施加平面剪切变形试样与平面剪切变形试样不同。事实上，RD 方向的力也会产生孪晶。然而，剪切变形力是一组合力，它会产生偏转晶粒的力矩。由此可见，PT0S 试样的取向转动大于 45°，这也是本章平面剪切变形所设想的取向转变效应。在 5% 平面剪切变形作用下，PT0S 试样中孪晶体积分数为 59.7%，低于 PT5S 试样。这是因为预孪晶过程产生了更多的孪晶，而平面剪切变形更容易引起取向旋转。

　　图 7-3（b）给出了 PT3S 试样的 EBSD 图。在该试样中，孪晶生长明显，许多晶粒被生长中的孪晶占据。这与 PT0S 试样不同，在 PT0S 试样中，部分晶粒的基体与孪晶在一起，可能是由于引入 3% 预孪晶变形而导致孪晶生长。图 7-3（c）为 PT5S 试样的 EBSD 图，该试样孪晶体积分数为 66.4%，高于 PT0S 试样，这是因为拉伸孪晶的不断增加。此外，孪晶的产生可以使晶粒细化，晶粒尺寸减

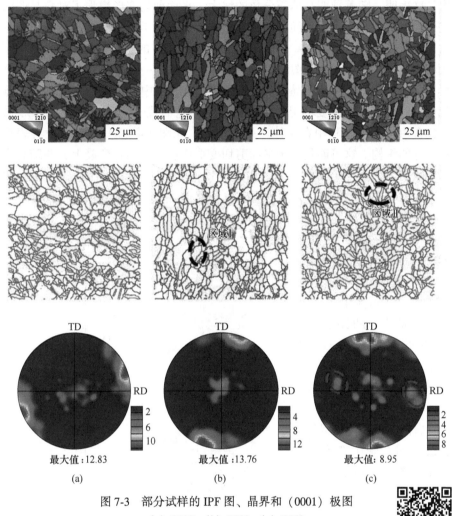

图 7-3 部分试样的 IPF 图、晶界和（0001）极图

（a）PT0S；（b）PT3S；（c）PT5S

（{10$\bar{1}$2} 拉伸孪晶用红色标记）

彩图

小[6]。相应地，PT0S、PT3S 和 PT5S 试样的平均晶粒尺寸急剧减小到 3.6 μm、4.4 μm 和 3.6 μm；这些试样的织构强度显著降低，分别为 12.83、13.76 和 8.95。从图 7-3（a）中（0001）极图可以看出，平面剪切变形使织构从 TD 向 RD 方向旋转。预孪晶后，部分晶粒 c 轴从 ND 向 TD 方向倾斜约 86.3°。无论预孪晶的体积分数如何变化，孪晶的取向主要集中在 TD 处，但由于引入的平面剪切变形过程，使孪晶织构会从 TD 处旋转，如图 7-3（b）和（c）所示。这表明平面剪切变形可以二次调控孪晶取向，使其向更有利的方向旋转。

图 7-3（b）和（c）相比，PT3S 试样中孪生织构旋转小于 PT5S 试样中孪生

织构。这表明，随着预孪晶体积分数的增大，平面剪切变形增强了对孪晶取向的二次调控。此外，试样受平面剪切变形影响较大。图 7-3（c）中极图不仅展示了孪晶方向从 TD 到 45°的旋转，而且还出现平行于 RD 的织构，如图中红色椭圆框中所示。从图 7-3（c）IPF 图的晶粒可以明显看出这一点，蓝色晶粒里面有黄色晶粒，黄色晶粒里面有蓝色晶粒。众所周知，IPF 图中红色晶粒代表基体，蓝色和黄色晶粒代表取向改变的晶粒。在研究中，它们代表孪晶。然而，PT3S 试样中只包含由预孪晶过程中在基体产生的孪晶，如图 7-4（b）所示，没有表现出这种额外的织构。这可能是由于平面剪切变形压应力作用在孪晶上，并随着孪晶体积分数的增大而产生新的孪晶。如图 7-1 中的 T1 所示，当压应力作用于预孪晶所产生的孪晶时，沿 RD 方向的压应力分量垂直于孪晶的 c 轴，在该分量的作用下，沿 RD 方向产生新的织构。

　　研究特定晶粒的放大 EBSD 图有助于更好地阐明变形过程中微观结构的变化。图 7-3（b）中区域 I 在图 7-4（a）中被放大。PT3S 试样中孪晶 T1 出现在基体 G1 中，这与常规的预孪晶试样一致，但由于平面剪切变形导致孪晶取向发生旋转。然而，PT5S 试样中有不同类型的孪晶，这表明新孪生在孪晶内部发生。图 7-4（b）展现图 7-3（b）中区域 II 的放大图。T2 和 T4 是同一类型的孪晶，T3 和 T5 是另一种类型的孪晶，而后者是在预孪晶过程中产生的。从极图中也可以看出，T3 和 T5 虽然向 45°旋转，但都位于 TD 边缘。T2 和 T4 位于 RD 边缘，其 c 轴几乎与 RD 平行。预孪晶产生的孪晶（T3 和 T5）受到平面剪切变形压应力作用，

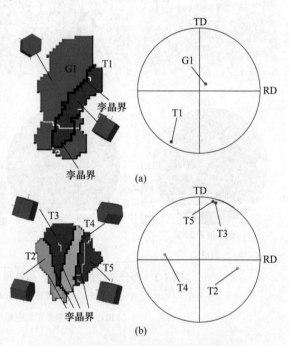

图 7-4　放大的局部 IPF 图和（0001）极图
（a）图 7-3（b）PT3S 试样中区域 I 的放大图；
（b）图 7-3（c）PT5S 试样中区域 II 的放大图

极有可能导致孪晶（T2 和 T4）再次出现。随着预孪晶体积分数的增加，孪晶数量和大小逐渐增加。此外，只有 PT5S 试样可以产生这样的新孪晶，这与孪晶体积分数增加有关。此时孪晶的 c 轴与 TD 平行，如图 7-1 中的 T1 所示。当引入平

面剪切变形时，压应力作用在孪晶上，沿 RD 方向压应力分量垂直于孪晶 c 轴。在这个分力的作用下，由预孪晶产生的孪晶内将再次产生新的孪晶。

从图7-5可以看出，红色晶粒数量明显减少，而蓝色和绿色晶粒数量增加，表明了基面织构弱化，这应该与应变和孪晶诱导再结晶行为有关。PT0SA 试样平均晶粒尺寸增大到 16.2 μm；对于 PT5SA 试样，基面织构也减弱，平均晶粒尺寸为 19.6 μm。由于 PT5SA 试样的变形程度较大，试样的存储应变能也较大，因此 PT5SA 试样的晶粒尺寸较大。在退火过程中，应变诱导再结晶是一种常见的再结晶行为，它使晶粒取向发生改变[7-8]。Cheng 等人[9]指出，变形 AZ31 镁合金在高温下发生了应变诱导的静态再结晶，而一些新的再结晶晶粒将继承相邻基体晶粒的取向。此外，拉伸孪晶诱导再结晶中也出现了类似现象。在这个过程中，孪晶取向在新的相邻晶粒中被继承，而退火温度和时间对退火前后织构成分有显著影响。Kim 等人[10]指出，孪晶基面滑移施密特因子大于基体施密特因子，有助于激活基面滑移，因此孪晶内部储存的应变能高于基体。在随后 250 ℃退火 1 h 过程中，基面和一些存储应变能较低的孪晶消耗了能量较高的孪晶。但是，Xin 等人[13]指出，在 450 ℃退火 4 h 后，孪晶片层的大小对织构成分有显著影响。因此，窄孪晶容易被消耗，而当孪晶厚度大于基体时，基体容易被消耗。

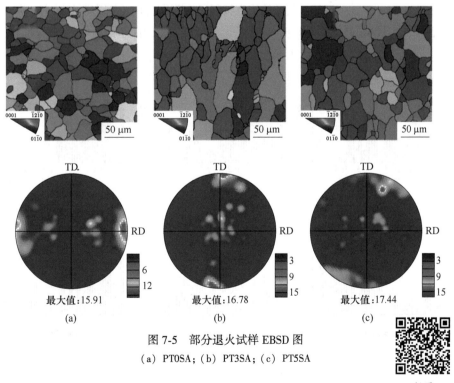

图 7-5　部分退火试样 EBSD 图

（a）PT0SA；（b）PT3SA；（c）PT5SA

在本章研究中，变形试样在300 ℃下退火1 h，可以同时发生孪晶消耗基体和基体消耗孪晶。如图7-5所示，退火后长大的基体（红色）和孪晶（蓝色、绿色）同时存在，这是证明孪晶与基体相互消耗长大的明显证据，同样的现象也被Zhang等人[14]发现。此外，PT0SA、PT3SA和PT5SA试样（0001）极图中也明显存在孪晶取向织构。退火后旋转的基面织构仍然保留，如图7-5所示。PT0SA试样的孪晶织构进一步从TD旋转到RD，几乎位于RD位置。然而，对于PT5SA试样，孪晶织构进一步转动，使其达到约45°。不同之处在于PT3SA试样晶粒继承孪晶取向约为30°，而PT5SA试样晶粒继承孪晶取向为45°，这表明PT5SA试样基本达到了施密特定律的最佳取向。总的来说，退火过程将进一步调节孪晶取向，尽管其取向已由平面剪切变形二次调控。

原始试样和PT5SA试样的施密特因子图如图7-6所示，由Channel 5软件计算得到。施密特因子（SF）值主要取决于晶粒取向。对于基面织构较强的镁合金板材，基面滑移的SF值很小，晶粒取向处于较硬，基面滑移难以激活。在本章中，孪晶的取向由平面剪切应变调控，并通过退火继承，这意味着基面织构被弱化，因此晶粒取向软化。如图7-6所示，原始试样在三个方向上的基面滑移施密特因子值分别为0.20、0.19、0.14，而PT5SA试样在三个方向上的基面滑移施密特因子值分别为0.33、0.27、0.23。PT5SA试样的施密特因子在不同方向上都有明显改善。基面滑移时，晶粒由硬取向转为软取向，施密特因子值增大，因此基面滑移容易开动。

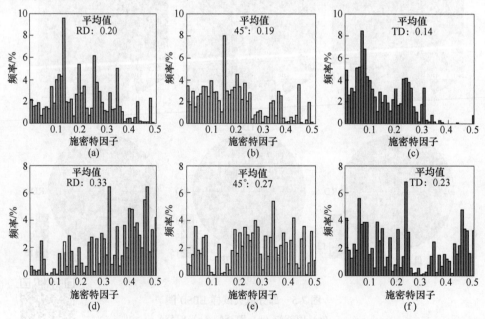

图7-6 施密特因子（SF值）图
(a)~(c) 原始试样沿RD、45°、TD方向；(d)~(f) PT5SA试样沿RD、45°、TD方向

7.3.2 力学性能

变形试样沿三个方向拉伸的真实应力应变曲线如图7-7所示。原始试样的力学性能和常规镁合金板材相似，其拉伸性能较差。然而，由于引入组合变形工艺，产生了大量的孪晶，并改变了它们的取向。退火后，改变的晶粒取向被继承。此时，晶粒的取向不再集中在基极，基面织构弱化，基面滑移容易开动。TD和45°方向的拉伸性能发生了较大的变化，体现在曲线形状变化上。图7-8给出了AS、PT0SA、PT1SA、PT3SA和PT5SA试样的平均力学性能。与原始试样的平均 YS 不同，PT0SA、PT1SA、PT3SA 和 PT5SA 试样的平均 YS 从 160.2 MPa 急剧下降到 116.4 MPa、112.1 MPa、90.5 MPa 和 64.1 MPa，如图 7-8（a）所示。平均 UTS 随变形量的增大而增大，小的 YS 有利于提高塑性[15]。以往研究[5,16]指出，预孪晶试样和平面剪切变形试样退火后 YS 值降低。根据施密特法则[17]，屈服强度随施密特因子的增加而降低。如前所述，晶粒取向被调节，从而弱化基面织构，使得施密特因子增加，尤其是 PT5SA 试样。因此，PT5SA 试样的平均 YS 值最小。另外，如图 7-8（b）所示，PT0SA、PT1SA、PT3SA、PT5SA 试样的平均断裂伸长率（FE 值）分别为 22.2%、21.8%、28.6%、28.8%。因此，该组合变形的引入，提高了试样的塑性。

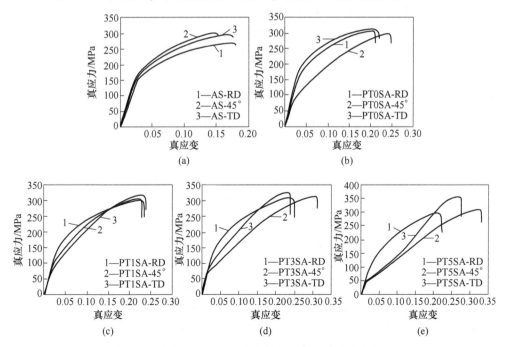

图 7-7　变形试样沿三个方向拉伸的真实应力应变曲线

（a）原始试样；（b）PT0SA；（c）PT1SA；（d）PT3SA；（e）PT5SA

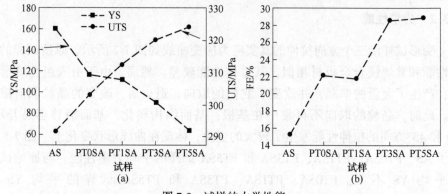

图 7-8　试样的力学性能

(a) 平均屈服强度 (YS) 和极限抗拉强度 (UTS)；(b) 平均断裂伸长率 (FE)

7.3.3　平面冲压成型性能

　　成型性的变化主要用 n 值、r 值和杯突值 (IE 值) 来表示，具体讨论，r 值是宽度方向的真应变与厚度方向的真应变之比。众所周知，轧制后 AZ31 镁合金板材基面织构较强，基面滑移难以激活。在这种情况下，沿厚度方向的应变仅由锥面<$c+a$>滑移调节。然而，由于锥面<$c+a$>滑移的临界分切应力大，因此在室温下很难激活滑移。此外，r 值较大，这对镁合金板材成型有很大的限制。这说明 r 值越低，镁合金的拉伸成型性能越好。

　　图 7-9 (a) 给出了 AS、PT0SA、PT1SA、PT3SA 和 PT5SA 试样的平均 r 值，平均 r 值分别为 2.98、3.08、1.55、1.01、0.71。可以看出，随着预孪晶体积分数的增加，平均 r 值逐渐减小，这主要与晶粒取向朝着施密特因子增加方向转变有关；但这些试样平均 n 值分别为 0.30、0.52、0.64、0.68、0.95，如图 7-9 (b) 所示。与平均 r 值不同，平均 n 值随着预孪晶体积分数的增加而增加。n 值越大，材料能承受更多的应变硬化和位错，变形能力越强。Kang 等人[18] 指出，塑性与 n 值成正比关系，因此较大的延展性需要较大的 n 值。在本章研究中，PT5SA 试样的 n 值最大、r 值最小，这是由于平面剪切应变和随后的退火引起基面织构弱化造成的，因此，PT5SA 试样的成型性能将大大提高。埃里克森实验是一种双轴应变，厚度方向上的应变决定了杯突值。而常规镁合金板材均表现出较强的基面织构和晶粒规则排列，使得镁合金表现出较强各向异性和较弱成型性。退火后再结晶晶粒继承了孪晶的优势取向，有利于基面滑移的发生。因此，更容易产生厚度方向的应变，改善了拉伸成型性。如图 7-10 所示，AS、PT0SA、PT1SA、PT3SA、PT5SA 试样的 IE 值分别为 2.8 mm、3.1 mm、4.1 mm、5.6 mm、6.1 mm。随预孪生体积分数的增大，IE 值显著增大。与 AS 试样相比，PT5SA 试样的 IE 值提高了 117.9%。

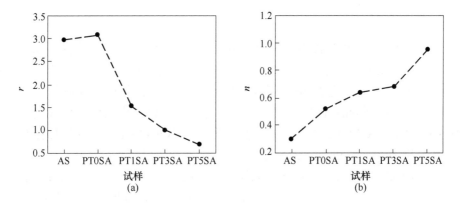

图 7-9 试样的平均 r 值 (a) 和平均 n 值 (b)

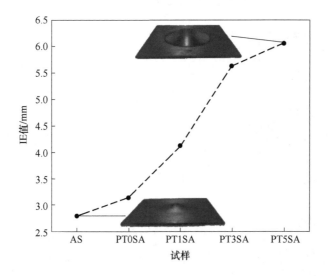

图 7-10 试样的埃里克森实验结果

7.4 不同平面剪切变形量调控 AZ31 薄板预孪晶取向及成型性能

本节主要探究不同平面剪切变形量对预孪晶 AZ31 镁合金板材微观组织、力学性能和成型性能的影响。因此，平面剪切变形的变形量为 0、1%、3% 和 5%，预孪晶体积分数为 3%，将试样分别命名为 PT0S、PT1S、PT3S、PT5S。变形后，所有变形试样在 300 ℃ 下退火 1 h，分别命名为 PT0SA、PT1SA、PT3SA 和 PT5SA，退火处理后的试样均采用风冷冷却。

7.4.1　织构演变

从图 7-11 （a） 中可以看出，PT0S 试样的晶粒中出现了拉伸孪晶，部分晶粒由孪晶区和剩余基体区组成。已有文献表明，平面剪切变形可产生压应力，诱发拉伸孪晶[5]。因此，经过 5%平面剪切变形后，PT5S 试样中孪晶体积分数高于 PT0S 试样，大量的晶粒已经被孪晶吞噬。这是因为拉伸孪晶体积分数随着孪晶数量的增加而不断增大，如图 7-11 （b） 所示。PT0S 和 PT5S 试样的拉伸孪晶面积分数分别为 43.9%和 50.4%。此外，孪晶的产生可以使晶粒细化，导致晶粒尺寸减小。PT0S 和 PT5S 试样的平均晶粒尺寸分别为 4.38 μm 和 4.91 μm，后者比前者大，主要是由于孪晶长大。从 （0001） 极图中可以看出，PT0S 试样中的部分晶粒从 ND 方向偏转到 TD 方向约 86.3°。然而对于 PT5S 试样，TD 取向的孪晶向 RD 方向偏转约 20°，这是由于平面剪切变形引起[11-12]。

图 7-11　试样的 EBSD 图
(a) PT0S；(b) PT5S；
({$10\bar{1}2$} 拉伸孪晶用红色标记)

彩图

在 300 ℃ 退火 1 h 后，晶粒尺寸明显增大。从图 7-12 中可以看出，组织不均匀，小晶粒中保留少量孪晶，晶粒组织也变得不规则，晶界凸出，PT0SA 和 PT5SA 试样平均晶粒尺寸分别为 21.00 μm 和 22.30 μm。然而，孪晶取向在两个试样中仍然得到保留，这应该与应变和孪晶诱导的再结晶行为有关。Cheng 等人[9]指出，变形 AZ31 镁合金在高温下发生了应变诱导的静态再结晶，而一些新的再结晶晶粒将继承相邻基体晶粒的取向。此外，在拉伸孪晶诱导的再结晶中也出现了类似的现象。在此过程中，孪晶取向在新的相邻晶粒中得到继承[7]。如图 7-12 所示，（0001）极图仍表现为 TD 取向的孪晶织构和二次调节后的孪晶取向织构。因此，在 PT0SA 试样的 G1~G12 晶粒可以看到 86.3° 的 TD 取向孪晶，而在 PT5SA 试样的 G13~G29 晶粒中由于孪晶诱导再结晶行为显示出偏转的孪晶取向晶粒。

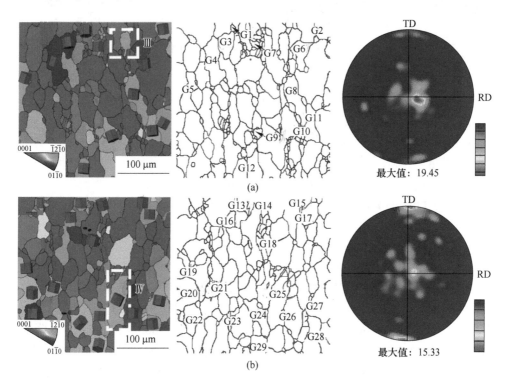

图 7-12 试样的 EBSD 图
(a) PT0SA; (b) PT5SA

为了进一步说明孪晶在退火过程中的演化，将图 7-11 和图 7-12 中的 I~IV 区域进行放大，如图 7-13 所示。如上所述，预孪晶后产生拉伸孪晶（见图 7-11 (a)）。从（0001）极图可以看出，孪晶与基体之间的取向角为 86.3°。但是，引入平面剪切变形后，孪晶取向发生变化，并偏转远离 TD，新的孪晶取向分布如 T1 和 T2 所示（见图 7-13（b））。而退火后，部分孪晶被基体消耗，由于孪晶诱导的再结晶行为，孪晶取向被再结晶晶粒继承，如图 7-13（c）所示，晶粒 G30 的 c 轴几乎平行于 TD 分布。PT5SA 试样中 G31 和 G32 晶粒分布相似，它们位于距离 TD 约 20° 的位置，即距离基极约 70° 的位置，如图 7-13（d）所示。总的来说，引入平面剪切变形可以调节孪晶初始取向，退火后的新再结晶晶粒消耗了孪晶片层并继承其取向，这有利于基面滑移，改善镁合金板材的成型性能。

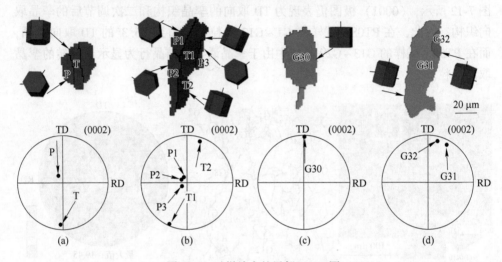

图 7-13 试样放大的局部 EBSD 图
(a) PT0S，区域Ⅰ；(b) PT5S，区域Ⅱ；(c) PT0SA，区域Ⅲ；(d) PT5SA，区域Ⅳ

7.4.2 力学性能

图 7-14 为 PT0SA 和 PT5SA 试样的真实应力应变曲线。随着变形继续，试样断裂伸长率明显增加，屈服强度明显下降，尤其是沿 TD 和 45° 方向。与 AS 试样平均 YS 不同，PT0SA 和 PT5SA 试样的平均 YS 从 160.2 MPa 急剧下降到 88.2 MPa 和 90.5 MPa。与钢和铝合金相比，镁合金的弹性模量较小，抑制回弹的能力较差，而低 YS 降低了回弹[15]，有利于合金的成型性能。PT0SA 和 PT5SA 试样的平均断裂伸长率分别为 20.3% 和 28.5%。可以清楚地看到，PT5SA 试样的平均断裂伸长率随着平面剪切变形的引入急剧增加。

7.4.3 平面冲压成型性能

从图 7-15（a）和（b）可以看出，AS、PT0SA、PT5SA 试样的平均 r 值分别为 2.98、1.81、1.01，平均 n 值分别为 0.30、0.55、0.68。与 AS 试样相比，

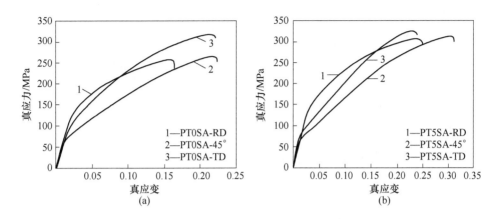

图 7-14 试样的真实应力应变曲线

(a) PT0SA 试样；(b) PT5SA 试样

PTS5A 试样的 n 值更大、r 值更小。n 值越大，缩颈时应变敏感性越低。Kang 等人[18]指出，均匀伸长率与 n 值成正比关系。因此，较大的伸长率需要较大的 n 值。众所周知，轧制后的 AZ31 镁合金板材具有较强的基面织构，施密特因子值较低，导致基面滑移难以激活。在这种情况下，厚度方向的应变仅由孪生和 $<c+a>$ 锥面滑动。然而，协调塑性变形的孪晶数量有限，锥面 $<c+a>$ 滑移由于 CRSS 值大，在室温下很难激活滑移。因此，厚度应变通常较小。织构弱化可以通过改变晶粒取向和提高基面滑移施密特因子来有效地改善这一状况。在本章研究中，PTS5A 试样 n 值较小、r 值较大，这是由于预孪晶和剪切变形引起基面织构的弱化造成的。

图 7-15（c）为埃里克森实验结果，AS、PT0SA、PT5SA 试样的杯突值分别为 2.79 mm、5.05 mm、5.63 mm，杯突值明显增加。与 AS 试样相比，PT5SA 试样的 IE 值增加了 101.8%。镁合金的成型能力主要取决于厚度方向上的应变。然而，大多数镁合金具有较强的基面织构，且难以在厚度方向上变形，因此这也意味着较大的 r 值。Yi 等人[19]表明，对于 AZ31 镁合金，r 值越大，各向异性越严重，板材断裂越早。在本章研究中孪晶取向被继承的。因此，晶粒取向改变弱化了强基面织构，使基面滑移更容易激活，从而容纳了更多的厚度应变。此外，埃里克森实验是一个板材持续变形最终断裂的过程，n 值越大，试样在变形过程中抗断裂能力越强。因此，较小的 r 值和较大的 n 值对于提高板材成型性至关重要[20]。较小的 YS 和较大断裂伸长率也有利于改善拉伸成型。综上所述，经过二次调节和退火处理后，PT5SA 试样的成型性有了很大提高。

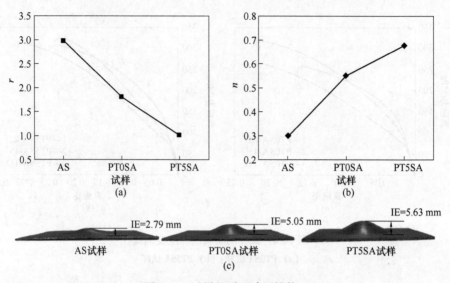

图 7-15　试样的平面冲压性能

(a) 平均 r 值；(b) 平均 n 值；(c) 试样的 IE 值

参 考 文 献

[1] HE W, ZENG Q, YU H, et al. Improving the room temperature stretch formability of a Mg alloy thin sheet by pre-twinning [J]. Materials Science and Engineering A, 2016, 655: 1-8.

[2] PAN H, WANG F, FENG M, et al. Mechanical behavior and microstructural evolution in rolled Mg-3Al-1Zn-0.5Mn alloy under large strain simple shear [J]. Materials Science and Engineering A, 2018, 712: 585-591.

[3] BOUVIER S, HADDADI H, LEVÉE P, et al. Simple shear tests: Experimental techniques and characterization of the plastic anisotropy of rolled sheets at large strains [J]. Journal of Materials Processing Technology, 2006, 172 (1): 96-103.

[4] KANG J Y, BACROIX B, BRENNER R. Evolution of microstructure and texture during planar simple shear of magnesium alloy [J]. Scripta Materialia, 2012, 66 (9): 654-657.

[5] ZHANG H, HUANG G, WANG L, et al. Improved ductility of magnesium alloys by a simple shear process followed by annealing [J]. Scripta Materialia, 2013, 69 (1): 49-52.

[6] SONG B, GUO N, LIU T, et al. Improvement of formability and mechanical properties of magnesium alloys via pre-twinning: A review [J]. Materials & Design (1980—2015), 2014, 62: 352-360.

[7] XIN Y, ZHOU H, YU H, et al. Controlling the recrystallization behavior of a Mg-3Al-1Zn alloy containing extension twins [J]. Materials Science and Engineering A, 2015, 622: 178-183.

[8] KIM S I, KIM D, LEE K, et al. Residual-stress-induced grain growth of twinned grains and its effect on formability of magnesium alloy sheet at room temperature [J]. Materials Characterization,

2015, 109: 88-94.

[9] CHENG W, WANG L, ZHANG H, et al. Enhanced stretch formability of AZ31 magnesium alloy thin sheet by pre-crossed twinning lamellas induced static recrystallizations [J]. Journal of Materials Processing Technology, 2018, 254: 302-309.

[10] KIM Y J, LEE J U, KIM Y M, et al. Microstructural evolution and grain growth mechanism of pre-twinned magnesium alloy during annealing [J]. Journal of Magnesium and Alloys, 2021, 9 (4): 1233-1245.

[11] REN X, HUANG Y, ZHANG X, et al. Influence of shear deformation during asymmetric rolling on the microstructure, texture, and mechanical properties of the AZ31B magnesium alloy sheet [J]. Materials Science and Engineering A, 2021, 800: 140306.

[12] YOSHIDA Y, SHIBANO J, OGURA M, et al. Localized shear deformation in magnesium alloy by four-point bending [J]. Materials Science and Engineering A, 2020, 793: 139851.

[13] XIN Y, ZHOU H, WU G, et al. A twin size effect on thermally activated twin boundary migration in a Mg-3Al-1Zn alloy [J]. Materials Science and Engineering A, 2015, 639: 534-539.

[14] ZHANG H, YAN C, LI C, et al. Thermal stability of extension twins in Mg-3Al-1Zn rods [J]. Journal of Alloys and Compounds, 2017, 696: 428-434.

[15] HUANG X, SUZUKI K, SAITO N. Textures and stretch formability of Mg-6Al-1Zn magnesium alloy sheets rolled at high temperatures up to 793K [J]. Scripta Materialia, 2009, 60 (8): 651-654.

[16] XIN Y, WANG M, ZENG Z, et al. Strengthening and toughening of magnesium alloy by $\{10\bar{1}2\}$ extension twins [J]. Scripta Materialia, 2012, 66 (1): 25-28.

[17] DEL VALLE J A, CARREÑO F, RUANO O A. Influence of texture and grain size on work hardening and ductility in magnesium-based alloys processed by ECAP and rolling [J]. Acta Materialia, 2006, 54 (16): 4247-4259.

[18] KANG D H, KIM D W, KIM S, et al. Relationship between stretch formability and work-hardening capacity of twin-roll cast Mg alloys at room temperature [J]. Scripta Materialia, 2009, 61 (7): 768-771.

[19] YI S, BOHLEN J, HEINEMANN F, et al. Mechanical anisotropy and deep drawing behaviour of AZ31 and ZE10 magnesium alloy sheets [J]. Acta Materialia, 2010, 58 (2): 592-605.

[20] YONG C, HONG Y A N, DAN W, et al. Microstructure evolution and deformation mechanism of Mg-Zn-Gd sheet during Erichsen cupping test [J]. Transactions of Nonferrous Metals Society of China, 2023, 33 (3): 728-742.